智能制造类产教融合人才培养系列教材

数字化制造生产线规划与工厂物流仿真

郑维明　王　玲　王　刚　徐　慧　汪　锐　编

机械工业出版社

为了响应国家产教融合的指导意见，结合工业企业推进智能制造的实际情况，综合考虑高等职业院校学生的课程体系，本书内容基于西门子工业软件公司的 NX 软件平台的生产线设计（Line Designer）软件和 Tecnomatix 软件平台的工厂物流仿真（Plant Simulation）软件，详细介绍数字化生产线规划技术，以及如何进行工厂物流仿真及优化。

本书主要内容分为两个部分：一是生产线设计部分，主要讲述使用生产线设计（Line Designer）软件实现生产线的三维规划，以代替传统的二维布局图，为厂区布局、工艺的规划提供全新的评估方案和分析手段；二是工厂仿真部分，主要讲述使用工厂物流仿真（Plant Simulation）软件帮助制造企业解决优化生产线布局方案，为物流系统提供有效的配送方式及解决生产计划的时效性等问题。

本书以数字化工厂实际应用为出发点，使用通俗易懂的语句深入浅出地对生产案例进行描述。

本书符合高等职业院校培养工艺仿真人才的教学要求，适用于工艺仿真基础教学，也可以作为初学者学习生产线设计（Line Designer）软件和工厂物流仿真（Plant Simulation）软件的参考用书。

图书在版编目（CIP）数据

数字化制造生产线规划与工厂物流仿真/郑维明等编 . —北京：机械工业出版社，2020.10（2022.1 重印）

智能制造类产教融合人才培养系列教材

ISBN 978-7-111-66649-3

Ⅰ.①数…　Ⅱ.①郑…　Ⅲ.①智能制造系统—自动生产线—规划—教材　Ⅳ.①TH166

中国版本图书馆 CIP 数据核字（2020）第 184786 号

机械工业出版社（北京市百万庄大街22号　邮政编码100037）

策划编辑：黎　艳　责任编辑：黎　艳　赵文婕
责任校对：梁　倩　封面设计：张　静
责任印制：邸　敏
天津翔远印刷有限公司印刷
2022 年 1 月第 1 版第 2 次印刷
184mm×260mm・13.75 印张・339 千字
1901—3800 册
标准书号：ISBN 978-7-111-66649-3
定价：49.00 元

电话服务　　　　　　　　　网络服务
客服电话：010-88361066　　机　工　官　网：www.cmpbook.com
　　　　　010-88379833　　机　工　官　博：weibo.com/cmp1952
　　　　　010-68326294　　金　书　网：www.golden-book.com
封底无防伪标均为盗版　机工教育服务网：www.cmpedu.com

西门子智能制造产教融合研究项目
课题组推荐用书

编写委员会

郑维明　王　玲　王　刚　徐　慧　汪　锐

方志刚　石晓祥　王奇岭　高岩松　刘　峰

李凤旭　熊　文　张　英　许　淏

编 写 说 明

　　为贯彻中央深改委第十四次会议精神，加快推进新一代信息技术和制造业融合发展，顺应新一轮科技革命和产业变革趋势，以智能制造为主攻方向，加快工业互联网创新发展，加快制造业生产方式和企业形态根本性变革，同时，更好提高社会服务能力，西门子智能制造产教融合课题研究项目近日启动，为各级政府及相关部门的产业决策和人才发展提供智力支持。

　　该项目重点研究产教融合模式下的学科专业与教学课程建设，以数字化技术为核心，为创新型产业人才培养体系的建设提供支持，面向不同培养对象和阶段的教学课程资源研究多种人才培养模式；以智能制造、工业互联网等"新职业"技能需求为导向，研究"虚实融合"的人才实训创新模式，开展机电一体化技术、机械制造与自动化、模具设计与制造、物联网应用技术等专业的学生培养；并开展数字化双胞胎、人工智能、工业互联网、5G、区块链、边缘计算等领域的人才培养服务研究。

　　西门子智能制造产教融合研究项目课题组组建了教材编写委员会和专家指导组，在专家和出版社编辑的指导下有计划、有步骤、保质量完成教材的编写工作。

　　本套教材在编写过程中，得到了所有参与西门子智能制造产教融合课题研究项目的学校领导和教师的积极参与，得到了企业专家和课程专家的全力帮助，在此一并表示感谢。

　　希望本套教材能为我国数字化高端产业和产业高端需要的高素质技术技能人才的培养提供有益的服务与支撑，也恳请广大教师、专家批评指正，以利进一步完善。

西门子智能制造产教融合研究项目课题组　郑维明

2020 年 8 月

当前空间资源成本越来越高，生产设备越来越昂贵，生产工艺复杂多样，如何提高设备利用率，节约人力资源，降低劳动强度，合理规划生产线是企业提高竞争力需要考虑的重要问题。在虚拟环境下，提前实现生产线的布局，优化工厂规划是制造业规划的前期工作，也是基础工作。

本书创作的目的是为了领会国家产教融合的指导意见精神，结合工业企业智能制造推进的实际情况，综合考虑高等职业院校学生的课程体系，基于西门子工业软件公司的 NX 软件平台的生产线设计（Line Designer）软件和 Tecnomatix 软件平台的工厂物流仿真（Plant Simulation）软件工具，详细介绍了数字化生产线规划技术以及如何进行工厂物流仿真和优化。

本书主要内容可分为两个部分：一是生产线设计部分，主要讲述使用生产线设计（Line Designer）软件实现生产线的三维规划，以代替传统的二维布局图，为厂区布局、工艺的规划提供全新的评估方案和分析手段；二是工厂仿真部分，主要讲述使用工厂物流仿真（Plant Simulation）软件帮助制造企业优化生产线布局方案，为物流系统提供有效的配送方式及解决生产计划的时效性等问题。

生产线设计（Line Designer）软件的三维生产线规划功能，可以有效提高生产线布局规划效率，加快评审与汇报进度。其参数化建模的理念，即从参数化产品设计引入到参数化设备设计，极大地提高了企业进行三维生产线设计的效率。此外，生产线设计（Line Designer）软件在可视化、数字化工厂平台、数据统计等多系统协同中有突出优势。

应用物流仿真（Plant Simulation）软件，可以帮助用户快速建立复杂的生产线系统模型，在模型中快速进行实验，针对仿真结果在模型中进行调整，找到优化后的方案，最终将通过仿真验证的结果应用于实际。

本书编者拥有长期的工厂实践经验。本书以数字化工厂实际应用为出发点，使用通俗易懂的语言，深入浅出地对生产案例进行描述。

本书符合高等职业院校培养工艺仿真人才的教学要求，适用于工艺仿真基础教学，也可作为初学者学习生产线设计（Line Designer）软件和工厂物流仿真（Plant Simulation）软件的参考用书。

编　者

目 录

第1章

概　　述

在当今的全球市场中，开发创新型产品需要有策略和有计划地开展，日益加剧的竞争压力对流程创新方面提出了要求。

基于西门子工业软件公司 NX 软件平台的生产线设计（Line Designer，简称 LD）软件，是智能制造系列软件的重要组成部分。通过使用生产线设计软件（Line Designer）软件（图1-1），用户可以在三维环境中快速进行工厂、生产线以及生产工位的二维或三维布局，结构化设计数字化工厂。

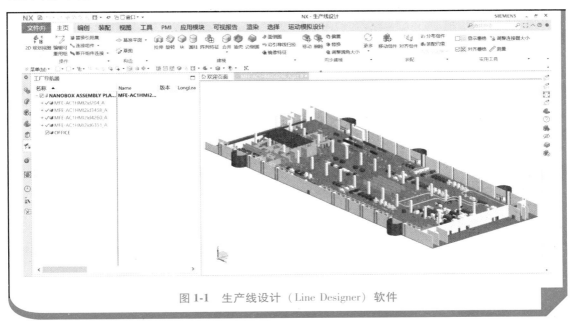

图 1-1　生产线设计（Line Designer）软件

1.1　什么是生产线规划

这里的生产线规划主要指工厂及其生产线的平面布置图。工厂及其生产线的平面布置图在工程上一般是指建筑物等展现空间的布置和安排方案的一种简明图解形式，用以表示厂房建筑空间平面布置位置，工艺生产线平面布置，仓储物流的平面布置等，如图 1-2所示。

以前绘制工厂及其生产线的平面布置图常采用手工绘图或使用二维工程绘图软件。本书将讲述使用生产线设计（Line Designer）软件，采用参数化建模的设计理念设计三维模型，并通过拖放的方式快速建模的方法。

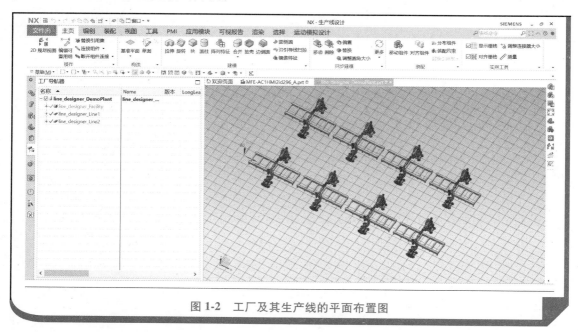

图 1-2　工厂及其生产线的平面布置图

1.2　生产线设计（Line Designer）软件的特点

1. 参数化可快速扩展的知识库，极大提高绘图效率

参数化设计是将工程本身编写为函数与过程，通过修改初始条件并经计算机计算得到工程结果的设计过程，实现设计过程的自动化。

参数化建模是在 20 世纪 80 年代末逐渐占据主导地位的一种计算机辅助设计方法，是参数化设计的重要过程。在参数化建模环境中，零件是由特征组成的。特征可以由正空间或负空间构成。正空间特征是指真实存在的块（例如凸台），负空间特征是指切除或减去的部分（例如孔）。

参数化建模在产品设计领域的应用十分广泛，如今把这个概念引入到资源设计当中来。生产线设计（Line Designer）软件引入了 Teamcenter 分类数据库和 NX 平台可重用组件（Reusable Components）以及参数化快速创建工厂设备的设计理念和方法，为用户快速建模、快速进行生产线规划提供了便捷的工具。例如，料箱料架、机运线、机器人、安全设备、转手组件等，都可以在生产线设计软件中作为库文件支持参数化设计。生产线设计软件还可以客户化已提供的重用组件，或者按照需求创建自己企业的参数化资源库，作为企业工厂的数字化数据库。

2. 以工厂为中心的环境

生产线设计（Line Designer）软件提供了一个有益于工厂设计的环境，它以工厂为中心的视角通过工厂导航器 Plant Navigator 去组织数据，工具栏和命令可以在工厂布局中使用，数据模型在不同应用模块之间具有互通性，并且资源可以在不同的布局工具之间共享。

3. 强大的文件、建模和报告功能

基于 NX 平台的生产线设计（Line Designer）软件具有：

先进的建模功能，例如，可以便捷地创建与工厂布局图相关的安装图样；支持同步建模，对大型模型的处理能力强，完全支持标准轻量化 JT 文件格式；简洁高效的组件属性可视化报告功能。

4. 设备连接器

设备连接器（Equipment Connectors）是生产线设计（Line Designer）软件新引入的一个概念，和参数化资源设计一脉相承。设备连接器使用户快速捕捉到相关的位置属性进行置位，沿用被连接组件的相关属性到新加入的组件上等。

5. 拖放方便

快速放置模式（Fast Placement）使用户可以通过拖放子图形框的方法快速地移动对象，并且可以自动捕捉平面图上的网格。

6. 高度柔性的可视化表示法

替换引用集（Replace Reference Set）使用户可以轻松地在组件已定义的不同引用集之间进行切换。例如，用户可以切换一个模型的引用集仅显示三维实体，或者使用二维规划视图仅显示模型的简化二维平面线框，方便用户查看和使用。

7. 受控的视图

2D 规划视图（2D Planning View）使用户可以把图形窗口方便地切换到俯视图，并使之锁定不被旋转。在锁定状态下用户不会因为误碰鼠标或者轨迹球而旋转视图。

8. 兼容第四代设计功能

生产线设计（Line Designer）软件完全兼容第四代结构模式，使用户在使用上体验第四代结构模式的高柔性和高性能，也可以在传统 BVR（Bill of Materials View Revision）结构模式下工作。

9. 视觉渲染效果好

生产线设计软件支持多种视觉渲染模式，支持点云等新型数据，支持实景显示以及 VR 系统，视觉效果好。

1.3 生产线设计（Line Designer）软件的版本及运行说明

本书基于 NX 1899 版本进行讲解，读者在学习的过程中使用 NX 1899 以及以上版本软件，都能跟随本书进行学习。

第2章

生产线设计（Line Designer）软件基本操作

2.1 启动 NX 软件

生产线设计（Line Designer）软件是基于 NX 平台开发的针对生产线规划的一款应用软件。打开生产线设计（Line Designer）软件之前，需要先打开 NX 软件，再打开生产线规划模型，然后跳转到生产线设计（Line Designer）软件。用户也可以通过直接打开生产线规划文件，打开生产线设计（Line Designer）软件。

启动 NX 软件常用的方式有以下两种：

1）单击桌面任务栏中的"开始"→"所有程序"→"Siemens NX"→"NX"，启动 NX 软件，如图 2-1 所示。

2）双击桌面上 NX 软件的快捷方式图标 ，即可启动 NX 软件，如图 2-2 所示。

图 2-1　启动 NX 软件

图 2-2　NX 软件初始工作界面

2.2 打开生产线规划模型

第一次使用 NX 软件，默认进入 NX 初始工作界面，如图 2-2 所示，顶部软件名称显示处没有显示生产线设计（Line Designer），说明打开了 NX 软件还没有进入生产线设计（Line Designer）软件。

方法一：在 NX 初始工作界面，选择"文件"→"打开"命令，弹出"打开"对话框，选择示例模型"line_designer_DemoPlant. prt"文件或其他生产线规划模型，单击"OK"按钮，完成生产线规划模型的打开操作，如图 2-3 所示。

图 2-3　打开生产线规划模型的方法（一）

方法二：在工具栏直接单击"打开"按钮，如图 2-4 所示，打开示例模型"line_designer_DemoPlant. prt"文件或其他生产线规划模型。

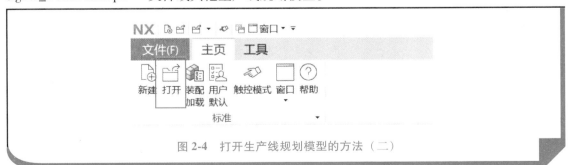

图 2-4　打开生产线规划模型的方法（二）

需要注意的是，在"打开"对话框左下角的"选项"列表框中，选择"完全加载"选项，以便完全加载示例模型。

方法三：找到示例模型文件的存储位置，双击直接打开生产线规划文件，如图 2-5 所示，跳转到生产线设计（Line Designer）软件主工作界面。

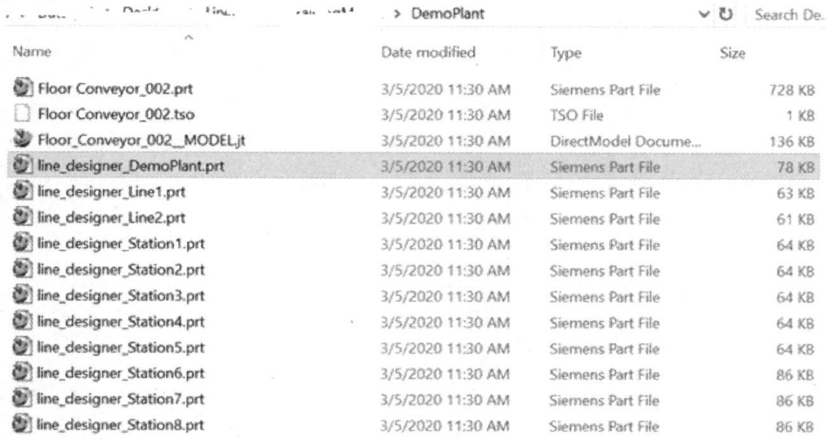

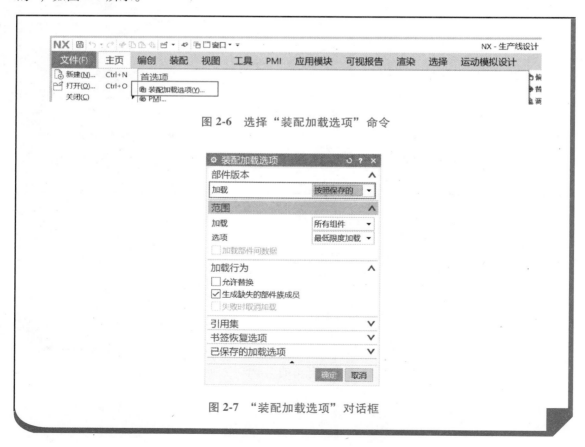

图 2-5　打开生产线规划模型的方法（三）

　　需要注意的是，如果模型没有完全加载，可以选择"文件"→"首选项"→"装配首选项"命令，弹出"装配加载选项"对话框，如图 2-6 所示，设置"加载"为"按照保存的"，如图 2-7 所示。

图 2-6　选择"装配加载选项"命令

图 2-7　"装配加载选项"对话框

2.3　生产线设计（Line Designer）软件界面

生产线设计（Line Designer）软件的主工作界面如图 2-8 所示。各部分名称及作用见表 2-1。

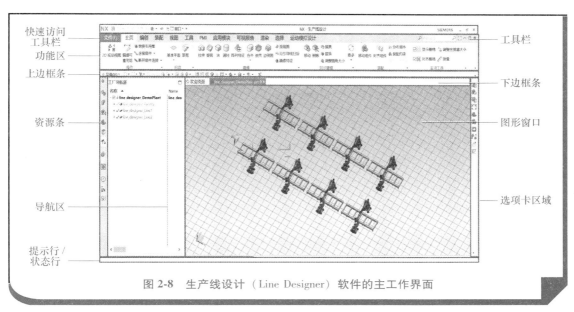

图 2-8　生产线设计（Line Designer）软件的主工作界面

表 2-1　生产线设计（Line Designer）软件主工作界面组成

名　称	作　用
快速访问工具栏	包含常用命令，如"**保存**""**撤销**""**恢复**""**剪切**""**复制**"等
功能区	将每个应用程序中的命令组成为**选项卡**和**组**
上边框条	包含**菜单**和**选择**组命令
资源条	包含导航器和资源板，包括**部件导航器**和**角色**选项卡
导航区	显示对应菜单的详细内容
提示行/状态行	提示下一步操作并显示消息
下边框条	显示用户添加的命令
图形窗口	进行建模、可视化并分析模型的主要区域
选项卡区域	显示在选项卡式窗口中打开的部件文件的名称

功能区位于图形窗口的上方，由选项卡和组组成，如图 2-9 所示。每个选项卡包含若干个组，每个组又包含许多命令按钮，部分按钮的名称及作用见表 2-2。

图 2-9　生产线设计（Line Designer）软件功能区

表 2-2　生产线设计（Line Designer）软件功能区中部分按钮的名称及作用

按钮	名　　称	作　　用
🔍	**命令查找器**	输入命令名称，查找相关命令
⌃⌄	全屏	使屏幕间距最大化
⌃	使功能区最小化	在功能区选项卡上折叠组
⑦	帮助	在上下文帮助上显示，快捷键<F1>
●	**自动更新**	指明 NX 安装的状态以及是否有软件更新可用 可以通过 **软件更新**→"用户默认设置"命令来启用更新相关的通知
▼	功能区选项	打开/关闭每组中的命令

2.4　生产线设计（Line Designer）软件的基本导航操作

操作生产线设计（Line Designer）软件常用的图形控制工具有轨迹球（图 2-10）和三键鼠标。使用三键鼠标操作生产线设计（Line Designer）软件的基本方法见表 2-3。

表 2-3　使用三键鼠标操作生产线设计（Line Designer）软件的基本方法

功　　能	鼠标按键
旋转	🖱
平移	🖱+🖱 或<Shift>+🖱
缩放	🖱+🖱 或 <Ctrl>+🖱

需要注意的是，在图形窗口按住鼠标中键会出现一个橘色高亮的小圆点，当光标的同轴中心有一个加号显示时，就可以进行绕特殊点旋转的操作。

用户可以在上边框条单击对应的按钮，如图 2-11 所示，实现图形的"缩放""平移""旋转""适合窗口"操作。

缩放　　平移　　旋转　　　　　　适合窗口

图 2-10　轨迹球　　　　　　　图 2-11　上边框条中的对应按钮

用户也可以在图形窗口右击，在弹出的快捷菜单中，选择"缩放""平移""旋转""适合窗口"等命令，如图 2-12 所示，实现图形的"缩放""平移""旋转""适合窗口"操作。

需要注意的是，在 2D Planning Mode（2D 规划模式）下，使用鼠标旋转模型将不起作用。选择其他选项或按<Esc>键，可以退出导航模式。

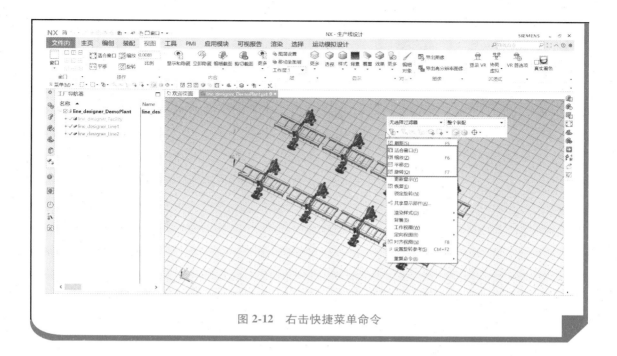

图 2-12　右击快捷菜单命令

2.5　生产线设计（Line Designer）软件的浮动框架

生产线设计（Line Designer）软件可以在主框架或浮动框架（图2-13）中将图形窗口最大化显示（图2-14），常用于多显示器工作或布局图展示的情况，也可以将图形窗口排列成

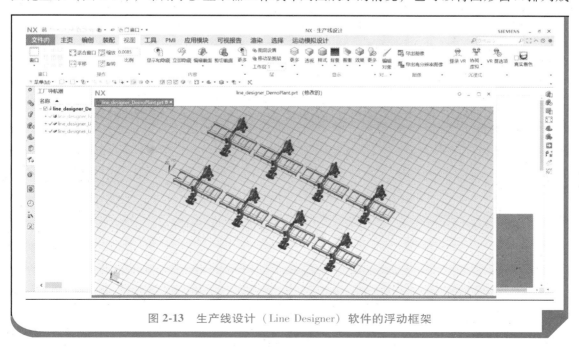

图 2-13　生产线设计（Line Designer）软件的浮动框架

一个或多个窗口的组合（图 2-15），显示在主框架和浮动框架中。

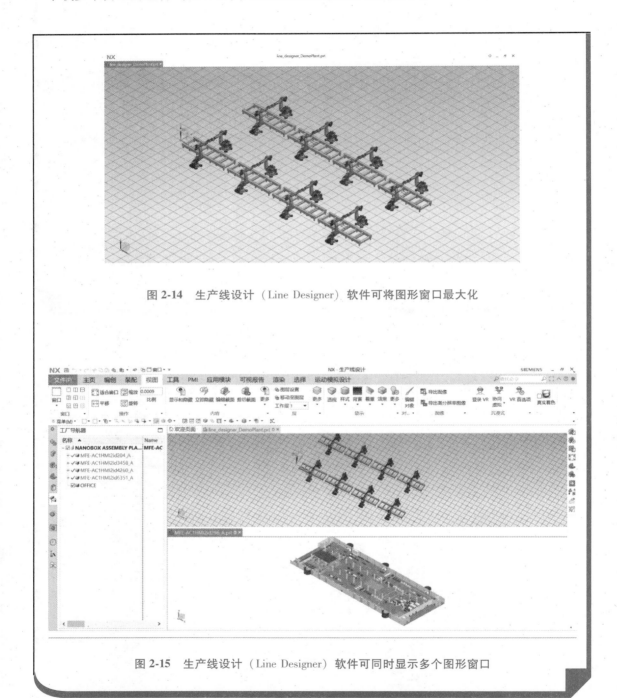

图 2-14　生产线设计（Line Designer）软件可将图形窗口最大化

图 2-15　生产线设计（Line Designer）软件可同时显示多个图形窗口

　　单击并拖动浮动窗口标题栏的空白处，在 NX 主框架显示的浮动窗口放置指示箭头按钮处（图 2-16），选择适当的位置放置窗口，可以排列不同的图形窗口，并且可以同时显示多个文件，方便用户访问选项卡中的剩余窗口。

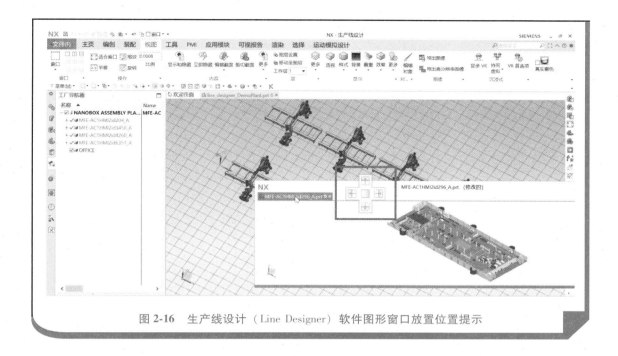

图 2-16　生产线设计（Line Designer）软件图形窗口放置位置提示

2.6　生产线设计（Line Designer）软件的视图

在工具栏选择"视图"选项卡，通过选择不同的标准视角方向，调整图形的视角。使用"视图方向"命令（图 2-17）可将当前视图定向为任意标准正交视图。

NX 生产线设计（Line Designer）软件提供六种标准视图（图 2-18），以及正等轴测图（图 2-19）和正三轴测图（图 2-20）。正三轴测图通常作为首选项。

在图形窗口中右击并选择"定向视图"命令，可以快速地找到视图的快捷键。

在规划生产线的过程中，大部分的平面布局图的位置是在 XY 平面内，使用俯视图可以实现快速布局，提高效率。然而，当用户触碰鼠标或轨迹球时，可能会发生旋转俯视图的误

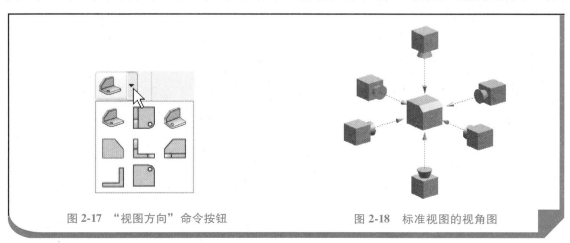

图 2-17　"视图方向"命令按钮　　　　图 2-18　标准视图的视角图

操作，此时系统会默认执行离开俯视图的操作。因此，在生产线设计（Line Designer）软件中，增加了 2D 规划视图（2D Planning View）模式，如图 2-21 所示。单击"主页"选项卡上"操作"组中的"2D 规划视图"按钮，即激活 2D 规划视图模式。在 2D 规划视图模式下，系统不允许执行视图的旋转操作，以方便用户在 XY 平面内布局；退出 2D 规划视图模式，就可以使用鼠标或轨迹球进行旋转视图的操作。在使用生产线设计（Line Designer）软件进行布局的过程中，用户可以按需选择视图模式。

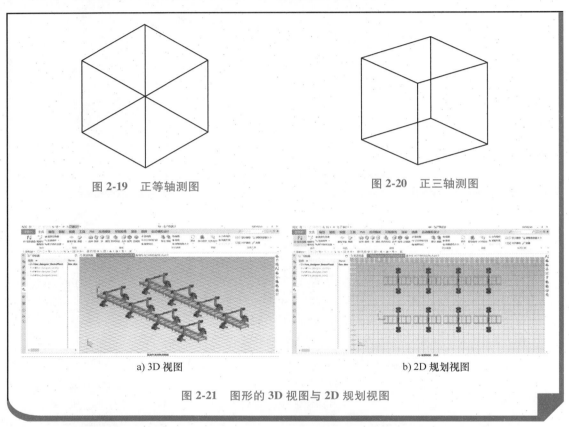

图 2-19　正等轴测图　　　　图 2-20　正三轴测图

a）3D 视图　　　　　　　　　b）2D 规划视图

图 2-21　图形的 3D 视图与 2D 规划视图

2.7　生产线设计（Line Designer）软件的对象选择

在生产线设计（Line Designer）软件中选择对象，可以通过在图形窗口中单击对象或在某一导航器中单击对象的方法，也可以使用上边框条或快速拾取框来修改选择过程。

生产线设计（Line Designer）软件可以完成以下对象选择操作：

1）选择单个或多个对象。

2）过滤要选择的对象。

3）通过捕捉点指定对象上的精确点。

4）根据设计用途来收集对象。

在图形窗口将光标停在一个可选对象上时，对象的颜色会变为预选颜色，并且此对象的名称或类型将出现在光标位置的工具提示中。单击具有预选颜色的对象时会选中该对象，其颜色会变为选择颜色，如图 2-22 所示。

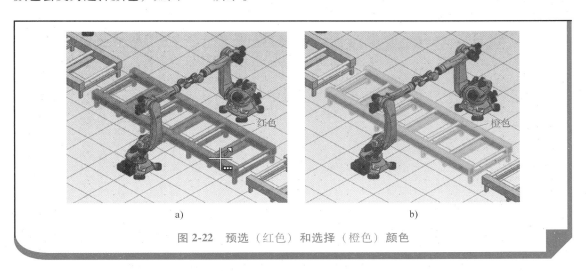

图 2-22　预选（红色）和选择（橙色）颜色

继续单击，可以把选中的对象添加到之前已选的对象中；单击的同时按<Shift>键可以去除已选对象；按<Esc>键可以去除所有已选对象；按<Ctrl+A>快捷组合键可以选择所有对象；默认情况下，这些工具提示可见，如图 2-23 所示。

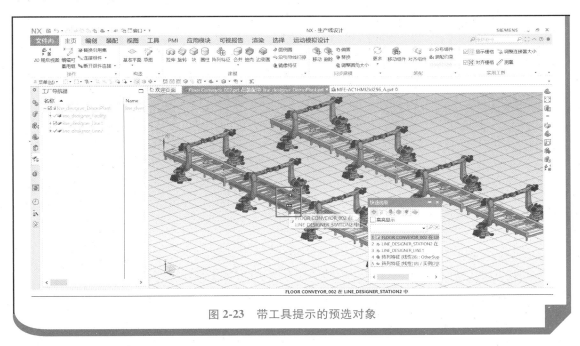

图 2-23　带工具提示的预选对象

通过对选项过滤器（图 2-24）进行设置，用户可以筛选某一特殊类型的对象，例如组件、特征、边等。捕捉点选项（图 2-25）用来控制光标所在位置捕捉的点的位置。

在选择对象时，要关闭"快速选择"对话框中滚动鼠标高亮显示对应对象的提示功能，具体操作方法为：选择"菜单"→"首选项"→"选择首选项"命令，在弹出的"选择首选项"对话框中的"高亮显示"选项区域中，取消选中"滚动时显示对象工具提示"复选框，如图 2-26 所示。

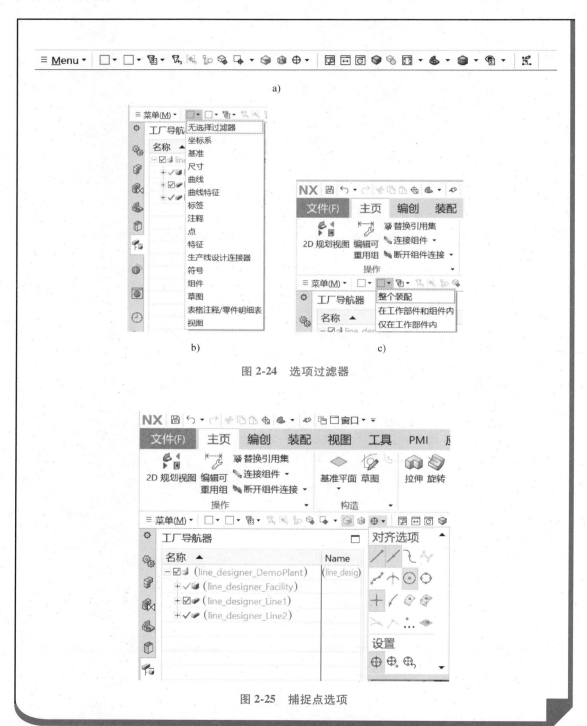

图 2-24　选项过滤器

图 2-25　捕捉点选项

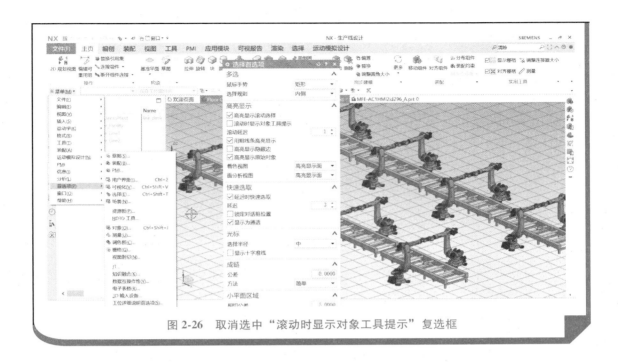

图 2-26　取消选中"滚动时显示对象工具提示"复选框

2.8　生产线设计（Line Designer）软件的径向菜单

基于 NX 平台每个应用模块可以自定义三组径向菜单，用户可选择"文件"→"定制"命令，在弹出的"定制"对话框中进行设置和更改，如图 2-27 所示。

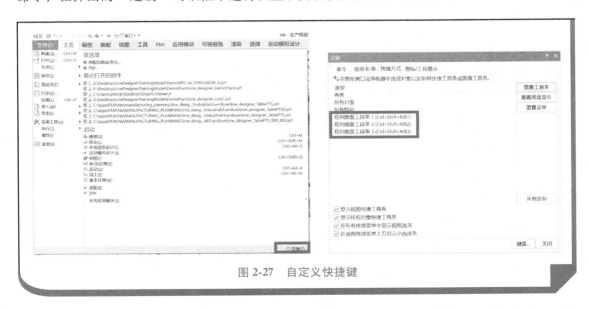

图 2-27　自定义快捷键

在生产线设计（Line Designer）软件中有三组默认的径向菜单，其功能如图 2-28 所示。

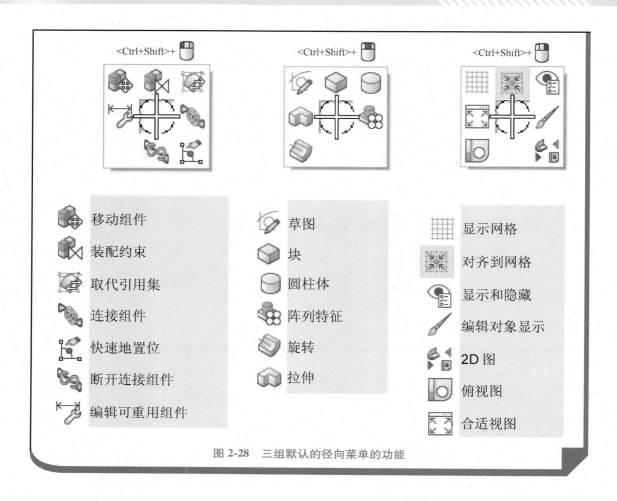

图 2-28　三组默认的径向菜单的功能

2.9　生产线设计（Line Designer）软件的快捷菜单

　　使用生产线设计（Line Designer）软件在图形窗口单击选定一个对象的时候，如果不移动鼠标，会显示一个快捷工具栏。如果选择单个普通部件，则显示图 2-29 所示快捷工具栏；

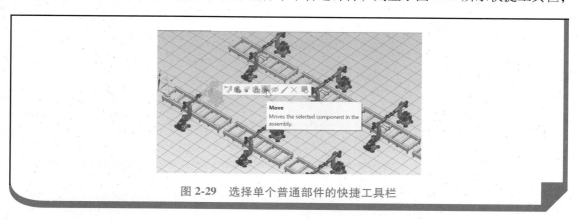

图 2-29　选择单个普通部件的快捷工具栏

如果选择多个普通部件，则显示图 2-30 所示快捷工具栏；如果选择参数化部件，则显示图 2-31 所示快捷工具栏。

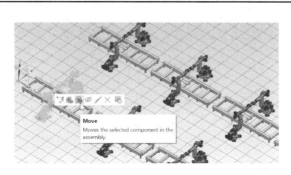

图 2-30　选择多个普通部件的快捷工具栏

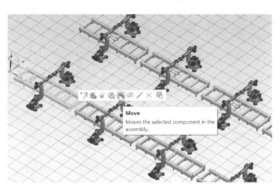

图 2-31　选择参数化部件的快捷工具栏

 操作练习：

1. 在教学资源包中找到并打开 line_designer_DemoPlant.prt 模型，进入生产线设计（Line Designer）软件主工作界面，学习鼠标或轨迹球的用法，熟悉视图。

2. 练习单个以及多个对象的选择方法，掌握变换视角和视图风格的操作内容。

3. 在生产线设计（Line Designer）软件中选择机器人，查看对应的快捷工具栏；选择机运线，查看对应的快捷工具栏。

第3章

工 厂 结 构

3.1 认识工厂结构

传统的工厂布局通常采用二维的平面布局图（图3-1），用设备等的投影图或剖面图表示工厂生产线的布局情况。平面布局图往往根据工艺需要进行绘制，但又与工艺没有直接关系一般看不出工厂层级结构。

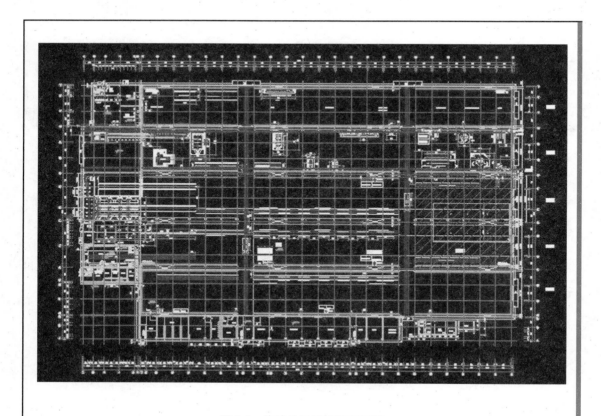

图3-1　传统的工厂平面布局图

基于 NX 平台的生产线设计（Line Designer）软件引入了设备清单（Bill of Equipment，BOE）和层级化设计的概念。平面布局图的层级化设计是指根据工厂内工艺的布局，在对生产线设备进行平面布局的同时考虑设备的工艺属性，配合工艺结构完成生产线的规划。

例如，一个工厂 AB 有一条生产线 XYZ，这条生产线包含了 010、020、030 三个工位。用户根据工厂的实际情况，搭建其 BOE 结构（图 3-2），然后把每个工位的设备放入相应的工艺区域，则布局结构简明清晰。

在生产线设计（Line Designer）软件中，不同的按钮代表不同的工艺区域。常见的工艺区域见表 3-1。

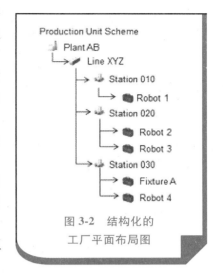

图 3-2　结构化的
工厂平面布局图

表 3-1　常见的工艺区域

按　钮	工艺区域	作　用
	工厂	在生产单元的分区方案中一个特殊的分区工厂（Plant）定义了树状分层结构树的最上级节点，工厂及其子结构用来定义和对应分级子生产系统
	生产线	在生产单元的分区方案中一个特殊的分区生产线（Line）定义了树状分层结构树的仅次于工厂节点的下一层节点，生产线及其子结构用来定义和对应分级子生产系统
	生产区域	在生产单元的分区方案中一个特殊的分区生产区域（Zone）定义了树状分层结构树工厂节点下的一级节点，生产区域及其子结构用来定义和对应分级子生产系统，常用于控制分区
	生产工位	在生产单元的分区方案中一个特殊的分区生产工位（Station）定义了树状分层结构树工厂节点下，进行生产的最小作业区域
	资源实例	资源实例（Resource Instance）是代表独立资源的对象，它是工厂分级结构模型中最底层的叶节点。资源实例通常放置在最小的工作区域工位下面。可以在工厂导航器中查看资源实例

3.2　新建一个生产线模型

了解了生产线区域节点的概念后，我们就可以开始设计生产线布局。

　　首先创建一个新的生产线节点模型。选择"文件"→"新建"命令，新建一个布局图，如图3-3所示。或者在快速访问工具栏单击"新建"按钮，新建一个模型。在弹出的"新建"对话框中选择"Line Designer Workareas"选项卡，选择需要新建的节点类型，输入新建模型的名称，设置新建模型的存储路径，单击"确定"按钮，创建新的模型。图3-4所示为新建一个生产线节点模型的操作方法。

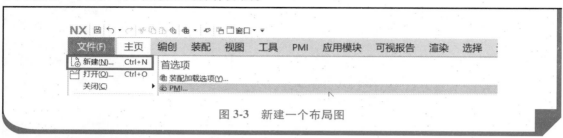

图 3-3　新建一个布局图

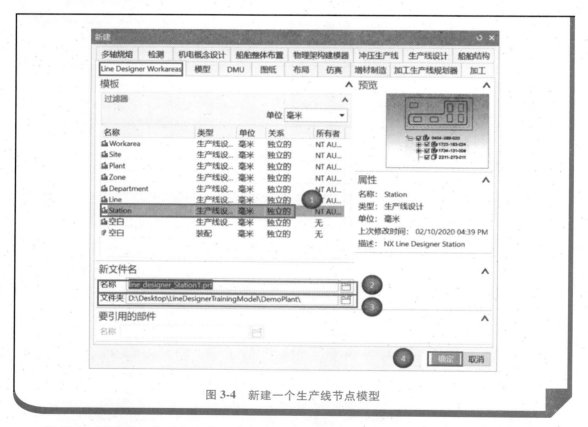

图 3-4　新建一个生产线节点模型

　　完成后，新建的工位对象会出现在生产线设计（Line Designer）软件的导航区，如图3-5所示。

 操作练习：

　　新建一个生产线工位对象。

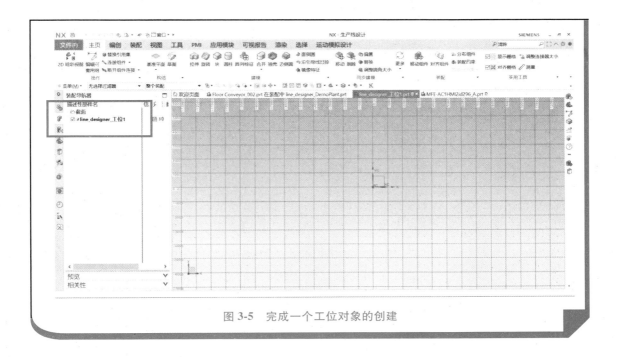

图 3-5　完成一个工位对象的创建

3.3　创建工厂的层级结构

1）选择"文件"→"新建"命令，在弹出的"新建"对话框中选择"Line Designer Workareas"选项卡。设置新建的节点类型为生产线，输入新建模型的名称，给定新建模型的存储路径，如图 3-6 所示，最后单击"确定"按钮，完成模型的创建。

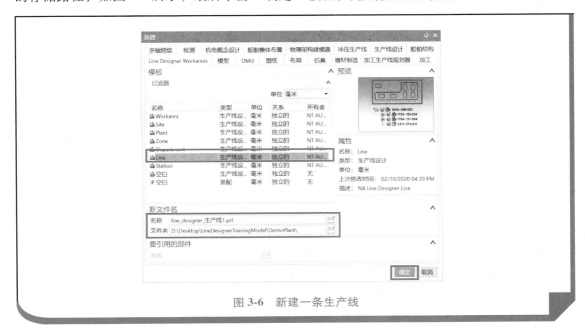

图 3-6　新建一条生产线

2）接下来需要在生产线1下面添加一个工位。该工位是生产线1的子结构，与生产线1是装配关系。单击功能区的"装配"选项卡上"基本"组中的"新建组件"按钮新建组件，如图3-7所示，打开"新组件文件"对话框，如图3-8所示。

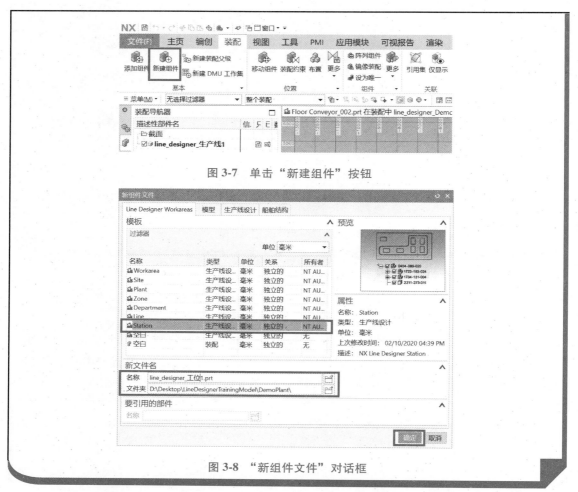

图3-7 单击"新建组件"按钮

图3-8 "新组件文件"对话框

3）在打开"新组件文件"对话框中，新建一个工位组件，命名为工位1，单击"确定"按钮后，弹出"新建组件"对话框，如图3-9所示，单击"确定"按钮。

4）按照上述操作方法，在生产线1下面添加工位1和工位2，完成生产线结构的搭建，如图3-10所示。

如果已经有之前规划好的工位布局信息需要调用进来，那么需要使用"添加组件"命令。单击功能区的"装配"选项卡上"基本"组中的"添加组件"按钮添加组件，弹出"添加组件"对话框，如图3-11所

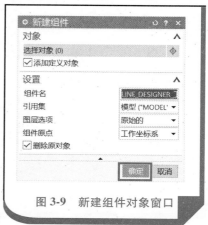

图3-9 新建组件对象窗口

示，单击"打开"按钮 🖼️，在弹出的"部件名"对话框中选择工位 3，单击"OK"按钮，回到"添加组件"对话框，单击"应用"按钮，再单击"确定"按钮，关闭"添加组件"对话框。此时，工位 3 被添加到生产线 1 中。

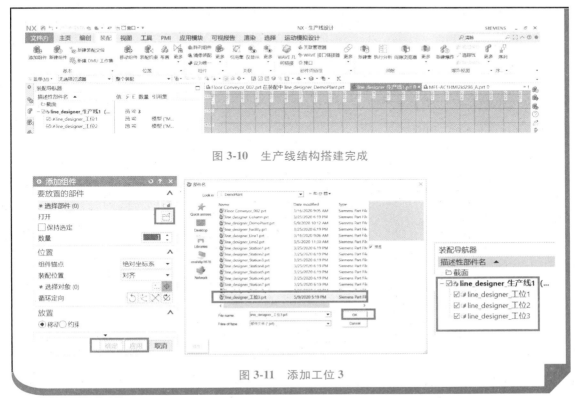

图 3-10　生产线结构搭建完成

图 3-11　添加工位 3

5）完成生产线 1 创建后，选择"文件"→"保存"命令，保存相关的模型。在"保存选项"对话框中，可以定义保存文件夹和是否保存 JT 数据，如图 3-12 所示。

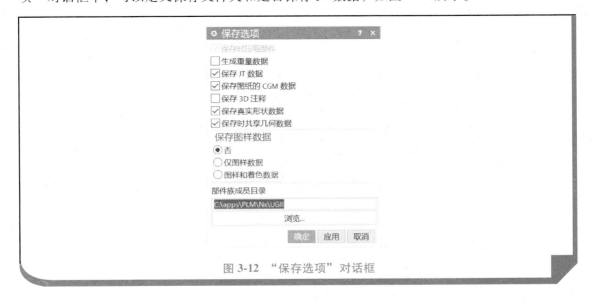

图 3-12　"保存选项"对话框

3.4 数据导航

使用生产线设计（Line Designer）软件导航区中的工厂导航器，实现工厂平面布局图中设计数据的导航、搜索、编辑等操作。

在生产线设计（Line Designer）软件主工作界面的资源条上，有常用的导航器，包括装配导航器，部件导航器，工厂导航器，重用库，HD3D 工具和历史记录等。各个导航器的作用见表 3-2。

表 3-2 各个导航器的作用

按　钮	名　称	作　用
	装配导航器	显示工厂布局图中设置为工作部件的对象的装配结构
	部件导航器	帮助用户对当前设计的历史顺序进行观察和编辑
	工厂导航器	帮助用户查看厂区、生产线的结构化布局，以及各个工作区域中包含的资源、设备结构化清单
	重用库	帮助用户访问、调用系统设备库中的资源
	HD3D 工具	允许用户进行目视化报告的建立和查看
	历史记录	用来存储最近打开的生产线规划模型

1）装配导航器如图 3-13 所示。在这个导航器中，显示了工厂布局图中设置为工作部件的对象的装配结构。使用这个导航器可以理解装配件的组成，更新装配件的基本结构，识别组件，查看组件父节点—子节点的依存关系，以及修改三维结构和用户定义的表达式等。

2）部件导航器如图 3-14 所示。在这个导航器中，显示了当前被设置为工作零件的资源实例对象的各个设计元素，用户可以对当前设计的历史顺序、三维结构等进行观察和编辑。

3）工厂导航器如图 3-15 所示。在这个导航器中，可以查看整个工厂/工作区域布局图中工作区域结构，查看厂区、生产线的结构化布局，以及各个工作区域中包含的资源、设备结构化清单。

4）重用库如图 3-16 所示。此导航器可帮助用户访问、调用系统设备库中的资源。

5）HD3D 工具如图 3-17 所示。此导航器主要用于建立和查看目视化报告。

6）历史导航器如图 3-18 所示。此导航器主要用来存储最近打开的生产线规划模型，用户可以从这里快速打开最近经常使用的模型。

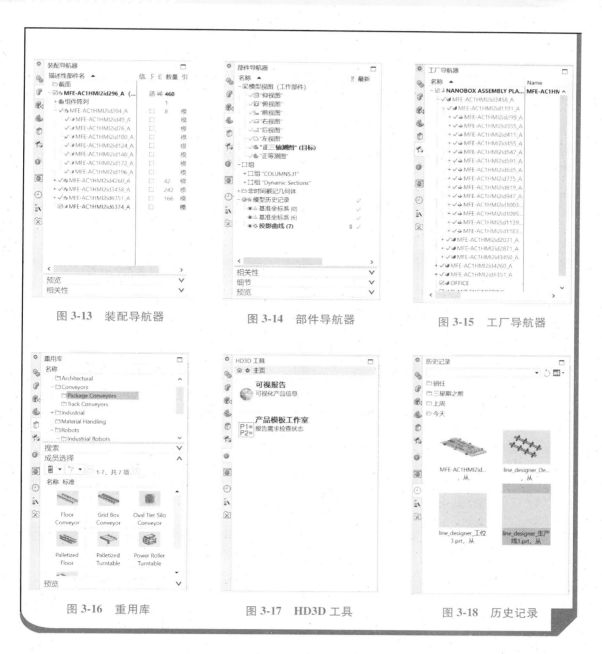

图 3-13 装配导航器　　　　图 3-14 部件导航器　　　　图 3-15 工厂导航器

图 3-16 重用库　　　　图 3-17 HD3D 工具　　　　图 3-18 历史记录

操作练习：

打开教学资源包 Demo Plant 文件夹中的 line_designer_DemoPlant. prt，通过使用各个导航器查看相关信息。

第4章

生产线设计（Line Designer）软件应用基础

4.1 三维建模基础

在制造资源部件的建模工作中，需要用户熟悉 NX 软件基本的三维模型环境，了解操控模型的方法，掌握基本的 NX 三维建模技术和模型编辑方法。

4.1.1 基础建模环境

在生产线设计软件制造资源部件的建模工作中，需要用户掌握并普遍采用的建模技术是 NX 的特征建模技术，涉及以下命令：草图绘制，基准及空间点模型，三维拉伸特征及三维回转特征，基本体素，模型拓扑，抽壳倒角，基本路径扫略特征，模型直接修改。

"主页"选项卡"建模"组中的各命令如图 4-1 所示。

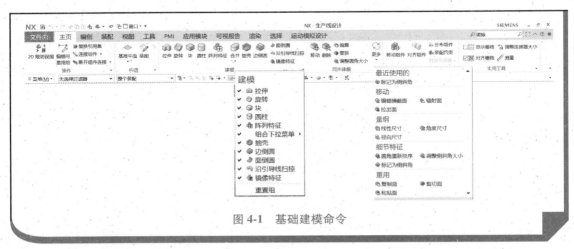

图 4-1 基础建模命令

用户对三维模型所进行的修改记录在图 4-2 所示部件导航器（Part Navigator）中。

在部件导航器中，显示当前工作部件的所有设计特征的顺序和历史。用户可对设计特征进行编辑修改，通过拖拽的方式进行顺序调整和特征分组。部件导航器所显示的特征内容，一般是按照时间戳记排列的。如果关闭时间戳记，则数据会以引用集方式组织分组，这种分组关系也可以通过拖拽的方式改变。

　　部件导航器中的依存关系分组部分，可以帮助用户管理模型中特征之间的依存关系，如图4-3所示。在特征建模中，当某些特征需要其他特征作为输入条件时，此特征即为其他特征的子特征。当某些特征可以作为其他特征的输入条件时，此特征即为其他特征的双亲特征。

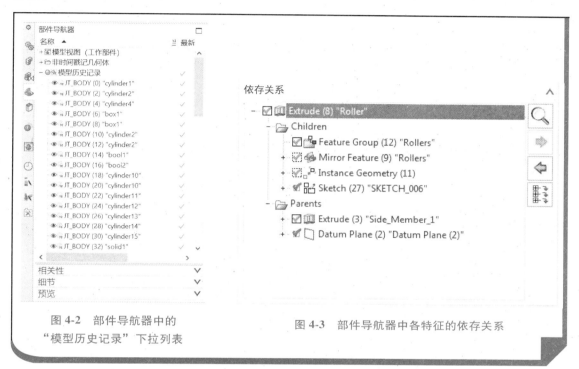

图4-2　部件导航器中的
"模型历史记录"下拉列表

图4-3　部件导航器中各特征的依存关系

　　在部件导航器中的用户表达式（User Expressions）部分中，列出了当前工作部件可进行修改的表达式，如图4-4所示，用户可以直接通过表达式对模型进行修改。

　　如果需要列出模型的全部表达式，则可以单击功能区的"表达式"按钮，如图4-5所示，打开相应对话框。部件导航器中的模型视图（Model Views）部分，可对模型中的PMI显示在哪个模型视图进行分组管理。这里的分组形式会被以后的自动图纸生成功能所继承。

　　当前目标模型视图可以通过双击对应表项进行设定，所有新定义的PMI会存储在此目标模型视图中，如图4-6所示。

图4-4　部件导航器中的表达式

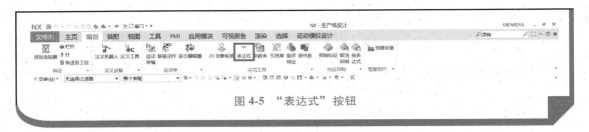

图 4-5 "表达式"按钮

草图任务环境用于创建或编辑二维草图。草图既可以作为三维模型特征的输入环境，也可以作为制造资源在生产线规划布局模型的二维表达形式（被包括在二维 2D_PLAN_VIEW 引用集中）。其命令如图 4-7 所示。生产线中各项资源在完成基本三维建模之后，一般要在 NX 重用库中建立可重用库对象，以便在生产线中重复添加。需要注意的是，一旦修改了某一个重用库对象，在制造生产线模型中，所有对此对象的引用均会被修改。

图 4-6 部件导航器中的模型视图

 提示：

要进一步了解 NX 建模环境，可以参考本套丛书《智能制造数字化建模与产品设计》的相关章节。

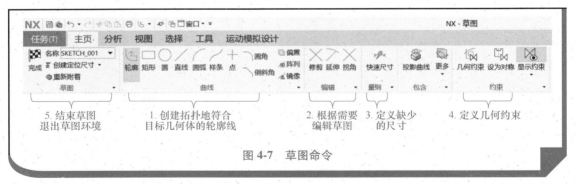

图 4-7 草图命令

4.1.2 基础特征建模方法

在 NX 基本建模环境中用户可以在零件坐标系直接生成体素特征。体素特征一般包括块（Block）、球体（Sphere）、圆柱（Cylinder）和锥台体（Cone），如图 4-8 所示。

用户通过草图定义轮廓，通过空间扫略创建特征，主要包括拉伸（Extrude）命令和旋转（Revolve）命令，如图 4-9 所示。

体素特征或扫略特征形成设计的基本形状，用户可以使用拓扑并集、交集、差集操作对形状特征进行组合，并且在棱边或交角处进行过渡处理，完成工件外形的创建，如图 4-10 所示。

图 4-8　体素特征

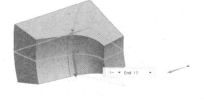

图 4-9　扫略特征

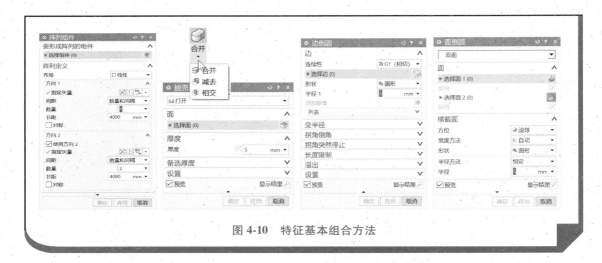

图 4-10　特征基本组合方法

特征建模作为产品零部件开发过程中各种信息的载体，除了包含零件的几何拓扑信息之外，还需要包含设计制造等过程所需要的一些非几何信息，如材料、公称尺寸、几何公差、热处理方式、表面粗糙度和加工刀具等信息。因此，特征模型包含了丰富的工程意义。

4.1.3　同步建模技术（Synchronous Modeling）

通常而言，特征建模和实体建模可以满足生产线设计资源建模的需要。当需要进一步修改模型时，NX 提供的同步建模技术可供用户使用。用户无须考虑模型的来源、关联或特征历史记录，可随时使用同步建模功能及命令来修改模型。

被修改的模型通常有以下特点：

1）特征或实体没有关联，不包含任何特征信息或匹配的参数信息，用户需要对复杂模型进行直接修改。

2）原设计的特征关系过于复杂，导致模型无法管理。

3）如果模型拓扑关系复杂，模型中几何元素存在重复情况，用户需要简化模型，将其用于快速布局设计。

4）从其他 CAD 系统导入的模型，例如 STEP 模型、CATIA 模型、Creo 模型等，需要对其进行修改才能使用。

通过使用同步建模命令，用户可以根据自己的设计意图及对零件形状的理解做出直接修改，NX 系统将自动存储相应的特征记录及修改部件几何特性的细节参数。同步建模技术为用户提供了快捷修改模型的方式及独特的建模功能，能使用户更灵活地对模型进行编辑，便于用户在更短的时间内实现更多设计方案并进行设计决策。

同步建模技术使用户摆脱对参数化特征及特征历史记录的依赖，可以任意更改位置相对的凸台或进行棱边倒圆操作，而不必担心这些特征之间的相互干涉，用户也可以直接删除模型的某些小特征，并且有选择地修复或不修复邻接面。

通过同步建模中的面修改功能，用户能够得到质量更高且平整连续的扩展形面。用户可以对部分形面区域进行拖拽或偏置。形面区域的变形操作可直接在图形窗口中进行，系统自动计算和记录调整的方向和位置参数。

1）形面"移动"命令是指 NX 系统自动识别用户选取的形面区域，并对此区域进行平移、旋转，以定位到用户希望的模型位置，如图 4-11 所示。

2）形面"偏置"命令是指 NX 系统自动识别用户选取的形面区域，例如图 4-12 所示球体空腔区域，并对此区域进行整体偏置，以得到用户希望的设计空腔体积。

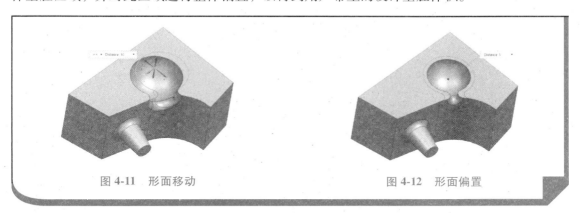

图 4-11　形面移动　　　　　　　　　　　　图 4-12　形面偏置

3）如图 4-13 所示，利用形面"替换"命令，用户使用左侧平台面替换右侧原有的绿色凸台面，系统自动将右侧原凸台切除。

如图 4-14 所示，利用形面"替换"命令，用户使用零件顶面平台面替换原有球体空腔形面，系统自动填补原球体空腔。需要注意的是，在空腔开口原圆角位置，系统根据设计意图自动保留圆角形状。如果用户希望系统自动消除圆角残留，可参考后边的形面删除命令示例。

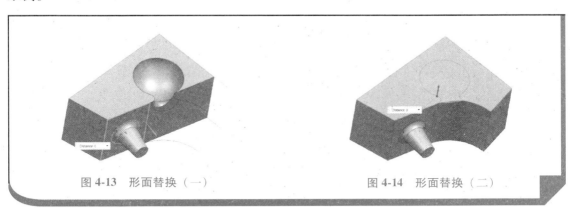

图 4-13　形面替换（一）　　　　　　　　　图 4-14　形面替换（二）

4）如图 4-15 所示，利用形面"删除"命令，用户使用零件顶面平台面替换原有球体空腔形面，系统自动填补原球体空腔。需要注意的是，空腔开口原圆角位置，系统根据设计意图自动消除圆角形状。

5）如图 4-16 所示，利用"调整圆角大小"命令，用户从模型上选取希望调整尺寸的棱边圆角，系统自动识别并给出现有圆角参数。用户通过拖拽或直接输入参数的方式，将此圆角调整至设计意图。

"同步建模"组中的其他命令如图 4-17 所示。

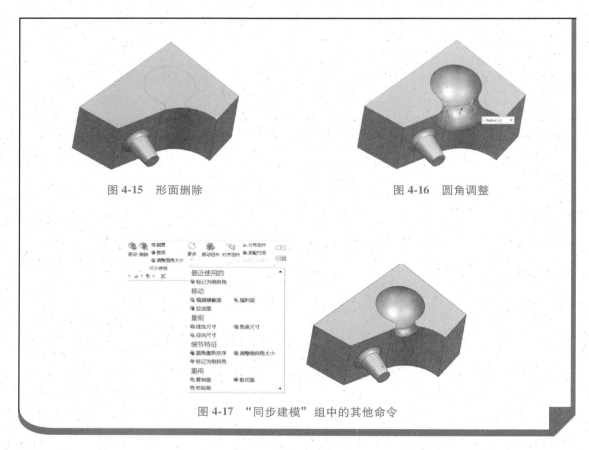

图 4-15　形面删除

图 4-16　圆角调整

图 4-17　"同步建模"组中的其他命令

提示：

关于 NX 同步建模的更全面内容，可以参考本套丛书《智能制造数字化建模与产品设计》相关内容。

4.1.4　点云模型

点云是基于某个坐标系下三维空间点的数据集合。点云包含大量信息，主要有三维坐标、颜色值、分类信息值、强度信息值、时间等。目前，点云是通过数据采集技术从现实世界获得的，而具有一定精度的点云数据可以在数字孪生模型中表现现实世界的部分空间模型，如图 4-18 所示。目前主要是通过三维激光扫描仪等设备获取点云数据，也有一些行业对二维影像进行三维重建，在重建过程中获取点云数据。另外，在一些场合中，可以通过三维模型的逆向计算来获取点云数据。

点云现在能够应用于工业行业，从现已存在的厂房设备环境中采集的点云数据，包含着丰富的信息，如图 4-19 所示，可以对车间土建、空间布局及生产线设备站位给出快速的空间模型定义。尤其在车间改造过程中，可以使现有设备无须重新建模而是利用"插入"→"基准点"→"参考点云"命令（图 4-20）直接将点云数据导入三维模型空间（图 4-21），这是高效且高精度的办法。

图 4-18　环境点云模型示例

图 4-19　从厂房设备环境中采集的点云模型

图 4-20　"参考点云"对话框

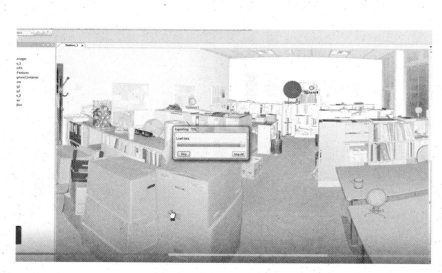

图 4-21　导入点云数据

4.2　放置设备及组件

生产线设计（Line Designer）软件提供了一系列命令帮助用户在生产线模型中进行设备部件的放置。

1）"移动组件"（Move Component）命令：最常用的放置命令。

2）"快速置位"（Fast Placement）命令：常用于方案图阶段，可实现快速、概念性地放置设备部件。

3）通过拖放操作从重用库添加放置部件，参考第 6 章重用库与参数化建模。

4.2.1　移动组件

使用"移动组件"命令，可在装配中移动并有选择地复制一个或多个组件。移动组件时，装配导航器中的已修改列会在受影响部件所在行中显示一个已修改按钮 。单击"装配"选项卡"移动组件按钮" "移动组件"对话框，如图 4-22 所示，可指定所选组件的移动方式。

"动态"按钮 ：用于通过拖动、使用图形窗口中的"场景"对话框选项或使用"点"对话框来重定位组件。

"根据约束"按钮 ：用于通过创建移动组件的约束来移动组件。

"角度"按钮 ：用于沿着指定矢量按一定角度移动组件。

"距离"按钮 ：用于定义选定组件的移动距离。

"点到点"按钮 ：用于将组件从选定点移到目标点。

按钮"根据三点旋转"按钮：允许用户使用三个点旋转组件，即枢轴点、起点和终点。

"将轴与矢量对齐"按钮：允许用户使用两个指定矢量和一个枢轴点来移动组件。

"坐标系到坐标系"按钮：允许用户根据两个坐标系的关系移动组件。

"增量 XYZ"按钮：允许用户根据 WCS 或绝对坐标系将组件移动指定的 XC、YC 和 ZC 距离。

"投影距离"按钮：用于将组件沿着矢量移动或将组件移动一段距离，该距离是投影到运动矢量上的两个对象或点之间的投影距离。

当单击"投影距离"按钮时，将显示以下选项：

1）指定矢量：用于指定投影轴的矢量。

2）选择起点或起始对象：用于选择测量距离的起点。

3）选择终点或终止对象：用于选择测量距离的终点。

图 4-22　"移动组件"对话框

4.2.2　快速移动

单击上边框条"快速移动"（Fast Placement）按钮，进入"快速移动"模式。

在图形窗口选中需要移动的对象（料箱），图形窗口将会显示被选中对象当前的坐标，如图 4-23 所示。拖拽料箱到目标位置，有目标位置坐标或欲实现精准化放置，可以在图形窗口坐标值文本框中，手动输入坐标值（XC，YC，ZC），结果如图 4-24 所示。完成快速放置后，再次单击"快速移动"按钮，退出"快速移动"模式。

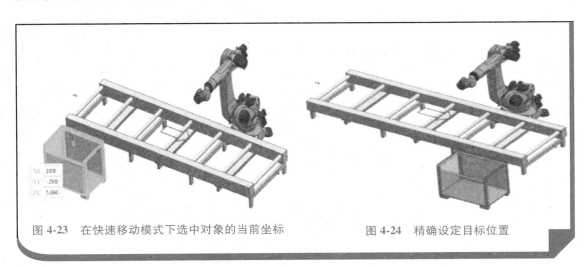

图 4-23　在快速移动模式下选中对象的当前坐标　　图 4-24　精确设定目标位置

4.3 移动、复制、阵列组件

4.3.1 通过移动复制组件

通过"移动组件"命令，用户可以从当前部件复制一个相同部件并加以放置。如果当前模式为"复制"模式，则当用户在拖拽并释放操作坐标系（Manipulator）时，系统会自动创建一个新复件，如图 4-25 所示。

如果当前模式为"手动复制"模式，则用户在创建一个新复件时需要单击"创建拷贝（Create Copy）"按钮，新创建的复件可以通过拖拽操作坐标系（Manipulator）的方式进行放置，如图 4-26 所示。

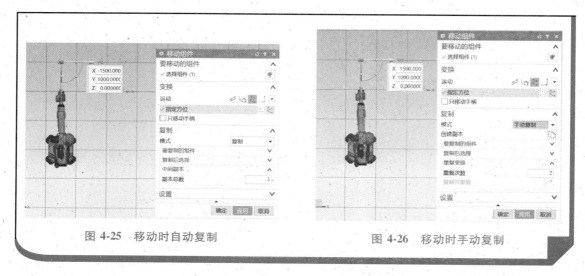

图 4-25 移动时自动复制   图 4-26 移动时手动复制

需要注意的是，如果在此命令中操作的是 PTS 对象或智能对象，则所创建的复件是该部件的复件。

4.3.2 通过移动组件生成阵列

通过"移动组件"命令，用户可以从当前部件复制多个相同部件并加以放置。在"移动组件"对话框的"复制"选项区域中，设置"模式"为"复制"，在"副本总数"文本框输入复制部件的个数，设置被复制部件间的距离，可以完成一次生成多个部件，并等间距放置的操作，如图 4-27 所示。

设置模式为"手动复制"时，在"重复次数"文本框中输入数值，最后一次的转换设置将被复制。例如，选中机器人，手动复制一个机器人，并在 Y 方向移动 2000mm，重复两次该操作，得到的模型如图 4-28 所示。

4.3.3 通过阵列组件生成阵列

通过"装配"选项卡上"组件"组中的"阵列组件"（Pattern Component）命令，用户可以创建一组关联部件阵列，如图 4-29 所示。这种形式的装配部件阵列，具有参数化的

"节距"和阵列部件"数量"。同时，这种形式的装配部件阵列中的每一个部件或设备不能被独立移动，这个阵列将被作为一组整体进行移动。

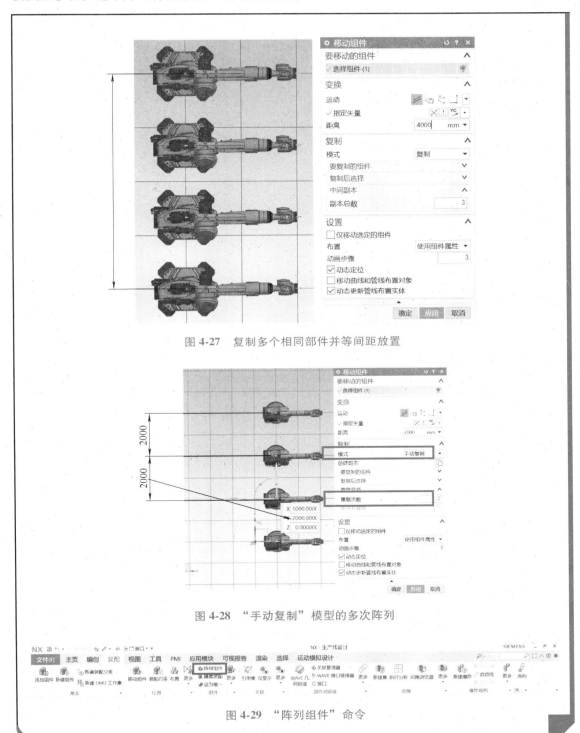

图 4-27　复制多个相同部件并等间距放置

图 4-28　"手动复制"模型的多次阵列

图 4-29　"阵列组件"命令

在"阵列组件"对话框中的"布局"下拉列表中，用户可以选择以下阵列方式：

1）数量和间隔：指定阵列部件个数及阵列部件间距。

2）数量和总跨度：指定阵列部件个数及阵列总跨度。

3）步距和总跨度：通过步距及总跨度自动计算阵列部件数目。

在"阵列组件"对话框中，选中"使用方向2"复选框，系统会根据用户给出的两个正交方向的参数创建一个矩阵，如图4-30所示。

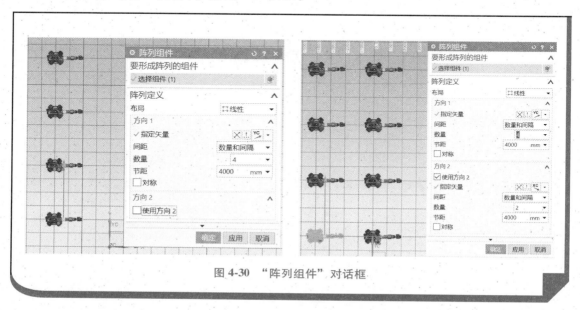

图4-30 "阵列组件"对话框

如果部件阵列是通过"阵列组件"命令生成的，则对这个阵列的编辑任务需要从装配导航器中显示的装配数据结构中开始进行，如图4-31所示。

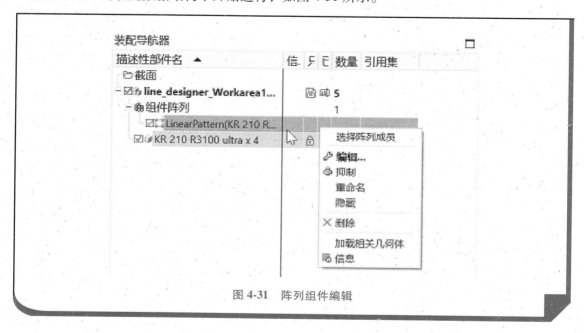

图4-31 阵列组件编辑

4.4 干涉分析（Clearance Analysis）

干涉分析（Clearance Analysis）用来帮助用户在布局的过程中考虑物体与物体或物体集与物体集之间的干涉，从而帮助用户快速地进行生产线规划，避免物体间发生干涉错误。

单击"装配"选项卡上"间隙"组中的"更多"按钮，激活"分析"命令，如图 4-32 所示。也可以在"移动组件"对话框激活"碰撞检测"，如图 4-33 所示。

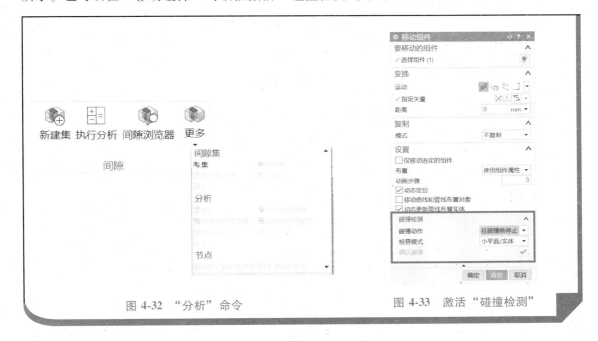

图 4-32 "分析"命令 　　　图 4-33 激活"碰撞检测"

4.4.1 创建间隙集

单击"装配"选项卡上"间隙"组中的"新建集"按钮，打开"间隙分析"对话框，如图 4-34 所示。

在"间隙分析"对话框的"间隙集"选项区域中设置以下内容：

1）设置"间隙集名称"（Clearance Set Name）为"SET1"。

2）在"间隙介于"（Clearance Between）列表框中选择"组件"选项。

从"集合"列表框中选择要在分析中包含的组件，"集合一"列表框中的各选项及其含义如下：

1）所有对象：分析整个装配体。

2）所有可见对象：将不可见对象排除在分析之外。

3）选定的对象：选择对象进行分析。

4）所有对象（选定的除外）：选择从图形窗口或装配导航器中排除的对象。

如果要定义整个装配的安全区域，则可在"安全区域"选项区域中的"默认安全区域"文本框中输入一个数值，单击"确定"或"应用"按钮。单击"确定"按钮时如果选中了

"执行分析"复选框，则 NX 将保存间隙集并对其执行间隙分析。"间隙分析"对话框将被关闭。单击"确定"按钮时如果取消选中"执行分析"复选框，则 NX 将保存间隙集，但是不执行间隙分析。"间隙分析"对话框将被关闭。如果单击"应用"按钮，NX 将保存间隙集。无论是否选中"执行分析"复选框，都不执行间隙分析。"间隙分析"对话框提供可开始编辑的新间隙集。

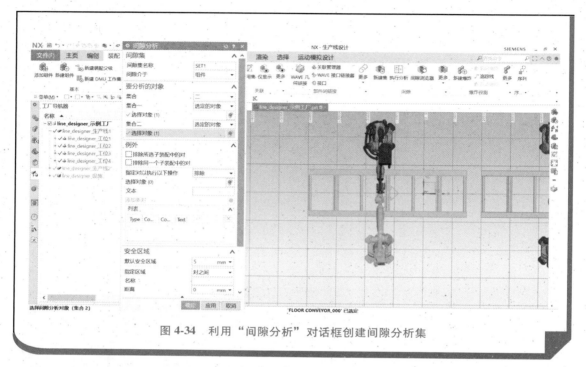

图 4-34 利用"间隙分析"对话框创建间隙分析集

4.4.2 在移动组件时检查干涉

在使用"移动组件"命令时，可激活碰撞检测功能，如图 4-35 所示，则在移动组件的过程中将会对干涉分析集中设置的检查对象进行碰撞检查。

在"移动组件"对话框的"碰撞检测"选项区域中，"碰撞动作"列表框用于指定在移动组件时处理碰撞的方式，其有以下选项：

1）"无"：忽略移动组件时的所有碰撞。

2）"高亮显示碰撞"：高亮显示发生的碰撞，但并未停止移动组件。

3）"在碰撞前停止"：碰撞时停止移动组件。

"检查模式"列表框在"碰撞动作"列表设置为"高亮显示碰撞"或"在碰撞前停止"时显示。其作用是指定要检查间隙的对象的类型：

1）"小平面/实体"：在碰撞检测时，使用小平面表示进行快速的初始碰撞检查。如果基于小平面的计算显示了一对组件之间的可能干涉，则将加载精确实体表示以确认干涉。

2）"快速小平面"：在碰撞检测时，始终以小平面表示为基础，这样能够在精确度略低于基于精确实体表示的计算的情况下达到最佳性能。

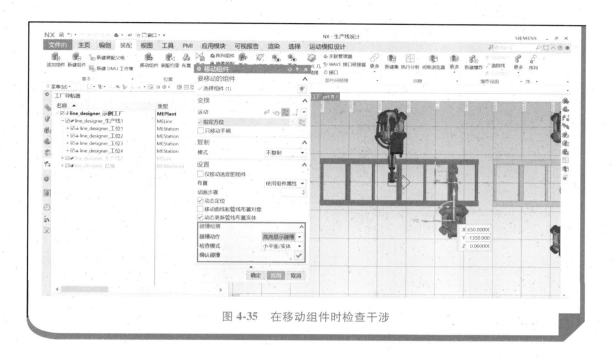

图 4-35　在移动组件时检查干涉

4.4.3　分析结果

使用"间隙浏览器"对话框可显示间隙分析的结果，具体选项如图 4-36 所示。

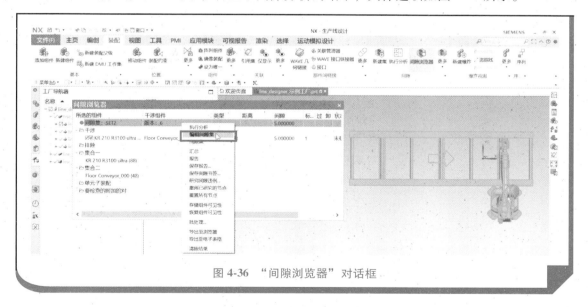

图 4-36　"间隙浏览器"对话框

4.5　连接器（Connectors）

生产线设计系统中的连接器（Connectors）的设置，主要服务于以下几个方面：

1）便于进行装置部件的定位。

2）通过装配约束进行部件或设备的连接。

3）进行对接规格检查。

4）为参数化部件或设备的自动匹配进行参数传递。

常用的命令如下：

1）"连接组件"（Connect Components）按钮 连接组件 ▾。

2）"断开组件连接"（Disconnect Components）按钮 断开组件连接 ▾。

3）"调整连接器大小"（Resize Connectors）按钮 调整连接器大小。

4）"连接器显示和隐藏"（Show and Hide）按钮 显示和隐藏。

5）"添加连接器"（Add Connector）按钮 添加连接器。

4.5.1 设备或部件的连接

对设备或部件的连接可以采取以下两种方法：

1）从重用库中拖拽一个具有连接器规格定义的部件，放置到图形窗口中的某一个同样具有连接器规格定义的部件上。

2）通过"编创"选项卡"连接部件或设备"命令手动创建连接。

在"用户默认设置"对话框中可以对连接器进行设置，如图4-37所示。在"用户默认设置"对话框中，选择"连接件和连接"选项卡，"连接类型"列表框有以下选项：

1）"仅连接"（Connect Only）：将目标组件连接到源组件，而不需要移动它们。

2）"仅移动"（Move Only）：将目标组件向源组件移动和定位，而不连接两者。

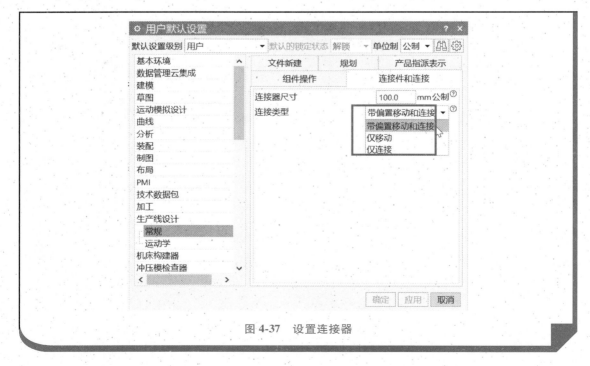

图4-37 设置连接器

3）"带偏置移动和连接"（Connect and Move with Offset）：将目标组件移动到源组件，并以偏移距离连接它们。

在图4-38所示的"创建连接"对话框中的"连接器"选项区域中有以下两个选项：

1）源连接器：组件上的连接器将被移动，并在参数传播时进行修改。

2）目标连接器：将保留组件上的连接器信息，参数将从这里继承。

对重用库资源进行拖拽和释放操作时，需要注意以下两点：

图4-38　"创建连接"对话框

1）放置（Drop）时，连接器的类型由新连接的连接器的类型确定。

2）目标对象组件中的可用连接器，由该目标对象部件导航器第一个兼容的连接器决定。

 提示：

如果布局以轻量级模式加载装配加载选项，连接器将不起作用。在大型布局中，连接器在图形窗口中的显示可能变小，因此很难将它们用作拖放目标。在这种情况下，使用"调整连接器大小"功能会有所帮助。

4.5.2　添加连接器

用户可以对当前工作部件或重用库对象添加连接器。单击"编创"选项卡上"特征"组中的"添加连接器"按钮，弹出"添加连接器"对话框，如图4-39所示。

在"添加连接器"对话框中，"名称"文本框用于设置连接器名称。用户可以使用字母数字进行设置。

"类型"列表框包含头和尾（例如，对于传送带）两个选项，用户也可以输入其他任何类型的名称。其中，"头"选项是指在智能组件上创建头部类型的连接器。源组件上的头部类型连接器只能与目标组件上的尾部类型连接器进行连接；"尾"选项是指在智能组件上创建尾部类型的连接器。源组件上的尾部类型的连接器只能与目标组件上的头部类型的连接器进行连接。

在"添加连接器"对话框中，"位置"选项区域分为一个点（指定点）和两个向量（连接器

图4-39　"添加连接器"对话框

方向、平行于对象）。

"指定点"选项：允许用户指定连接器相对于世界坐标系的位置。用户可以在图形窗口中选择一个点（图4-40），例如从点列表中选择一个选项，或创建一个点（使用"点"对话框创建一个点）。

"连接器方向"选项：用于确认机运线的运行方向。

"平行于对象"选项：用于确定对齐的方向，如图4-41所示。

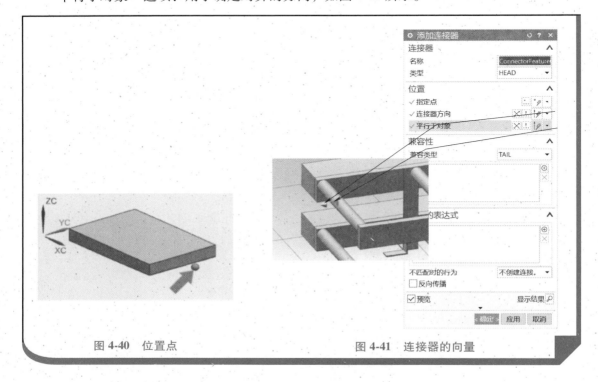

图4-40 位置点　　　　　　图4-41 连接器的向量

"兼容类型"列表框中包含一个或多个兼容的连接器类型。

"不匹配时的行为"列表框定义了在连接组件的过程中，如果确定了表达式之间的不匹配，例如目标组件上的表达式丢失，则会发生的情况：

①"在不传播特定表达式的情况下继续"（Continue without propagating the particular one）选项：跳过遇到不匹配的特定表达式，将继续连接组件。

②"不创建连接"选项（Don't create the connection）：在这种情况下不创建连接，源组件属性不变。

"反向传播"复选框：在默认情况下取消选中"反向传播"复选框，表达式从目标组件（被放入的组件）传播到源组件。在某些情况下，该选项可以帮助转换连接器属性继承的方向。

4.5.3　调整连接器的大小与显示和隐藏连接器

单击"调整连接器大小"按钮![调整连接器大小]，弹击"调整连接器大小"对话框，如图4-42所示，用户可以根据显示效果调整连接器大小。

选择"文件"→"实用工具"→"用户
默认设置"（Customer Default）命令，在
弹出的"用户默认设置"对话框的"连
接件和连接"选项卡中设置新连接器的
大小，如图 4-43 所示。

单击"显示和隐藏"按钮 ，
弹出"显示和隐藏"对话框，如图 4-44
所示，对所有连接器可以进行显示或隐
藏设置。

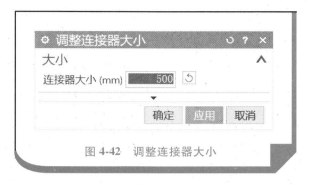

图 4-42　调整连接器大小

提示：

"调整连接器大小"命令和"显示和隐藏"命令，不能修改包含连接器的部分文件。

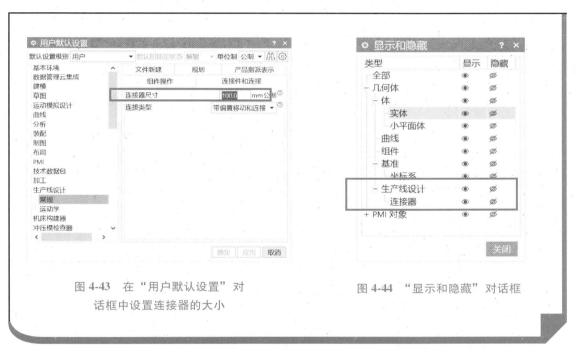

图 4-43　在"用户默认设置"对
话框中设置连接器的大小

图 4-44　"显示和隐藏"对话框

4.5.4　断开连接器

如果在创建连接期间建立了程序集
约束，则组件之间的相互连接是活动的，
可以使用"断开连接"（Disconnect Com-
ponent）命令断开该连接。图 4-45 所示
为"断开连接"对话框。此命令也适用
于多个连接器的解除连接。

图 4-45　"断开连接"对话框

图层

图层用于存储文件中的对象，其功能类似于容器，可通过结构化且一致的方式来收集对象。与"显示和隐藏"等简单的可视化工具不同，图层提供一种更为永久的方式来对文件中对象的可见性和可选择性进行组织和管理。

 提示：

要确保文件之间的一致性，建议为建立企业标准的使用图层。

使用图层设置，可将对象放置在 NX 文件的不同图层，并为部件中所有视图的图层设置可见性和可选择性。这适用于无特定图层视图设置的所有视图（图纸视图除外）。每个 NX 文件中有 256 个图层。用户可以将文件中的所有对象放置在一个图层上，也可以在任何或所有图层之间分布对象。图层上对象的数目只受文件中所允许的最大对象数目的限制。没有对象可以位于多个图层。

图层的作用主要表现在以下几个方面：

1）使文件中数据的表示形式标准化。

2）通过将对象放置到单个图层，以具体控制某一对象或任何对象组的可见性。

3）控制选择或不选择同一图层上所有可见对象的能力。

4）建立企业标准，为所有文件实现一致的数据组织。

单击"视图"选项卡中"图层设置"按钮，弹出"图层设置"对话框，如图 4-46 所示。设计部件时可以使用多个图层，但是一次只能在一个图层上工作，该图层称为工作层。工作层只有一个，用户创建的每个对象都位于该图层。用户可将任意图层设为工作层。图层 1 是创建新文件时的默认工作层。

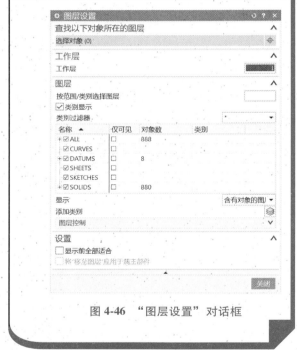

图 4-46 "图层设置"对话框

1. 类别

类别是命名的图层组。类别可供用户将图层组织为有意义的信息集合，并提供简便的方式来一次管理多个图层的可见性和可选择性。

2. 图层可选择性

使用图层可以完全控制在文件中可选的数据，用户始终可以随时选择将任意图层设为可选或不可选。将图层设为可选时，该图层上的所有可见对象都将显示，并且可将其选定用于后续任何操作。

 提示：

工作层始终是可见且可选择的。如果某一对象在可选图层上被隐藏，它将始终保持隐藏状态。但是，它是可选择的，因此用户可以通过应用"显示"命令来查看它。第一次创建文件时，所有图层都可选。

3. 图层可见性

除了使图层可选外，还可以使图层不可见或可见但不可选。

不可见指将图层设为不可见时，系统将不显示对象，并且只能通过更改图层状态来使图层可见。不可见图层上的对象在图形窗口中不可选。

仅可见指将图层设为仅可见时，所有对象将被显示，但不可选。这表示可以看到图层，但不能选择。如果希望选择该图层上的任意对象，必须先将图层设为可选。

 提示：

如果仅可见图层上的对象是隐藏的，那么即使用户使用"显示"命令，它也将保持隐藏状态。如果用户想要显示隐藏的对象，那么应先使该图层可选择。可以只将视图的状态设为可见或不可见，从而控制定制视图中图层的可见性。这一操作通过应用"视图"选项卡中"可见图层"命令完成。第一次创建文件时，所有图层都可见。

4.7 平面图的创建

4.7.1 制图

在 NX 软件的制图应用（Drafting Application）模块中可以创建图纸，如图 4-47 所示。具体操作步骤如下：

图 4-47 "制图"命令

1）找到教学资源包打开"示例工厂"文件夹  line_designer_示例工厂.prt，选择"文件"→"制图"命令打开制图应用，弹出"工作表"对话框，除非之前设置过图纸尺寸，新创建的图纸需要选择图纸模板。图纸模板定义了打印图纸的大小尺寸（例如 A0、A4），并定义了标题栏的样式，如图 4-48 所示。

2）设置完图纸的尺寸后，将弹出"填充标题块"对话框，用户可填写相应的内容，包括"制图时间""设计""复核""审批"等。填写的信息将出现在图纸右下角的标题栏，如图 4-49 所示。

3）完成图纸标题栏设置后，将会弹出"视图创建向导"对话框，或者在图形窗口右边框条上单击"视图创建向导"（View Creation Wizard）按钮，弹出"视图创建向导"对话框，如图 4-50 所示。

图 4-48　设置图纸模板

图 4-49　设置图纸标题栏

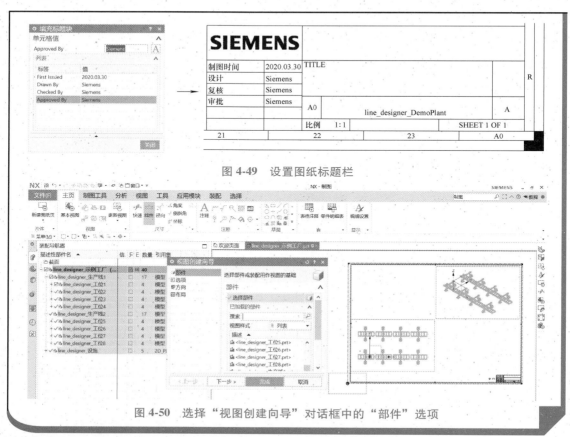

图 4-50　选择"视图创建向导"对话框中的"部件"选项

4）选择"部件"选项，设置需要制图的资源、生产区域、生产线等。

5）选择"选项"选项，选中"显示中心线"复选框，中心线和中心标志将会被显示；在"预览样式"列表框中选择"隐藏线框"选项，如图 4-51 所示。

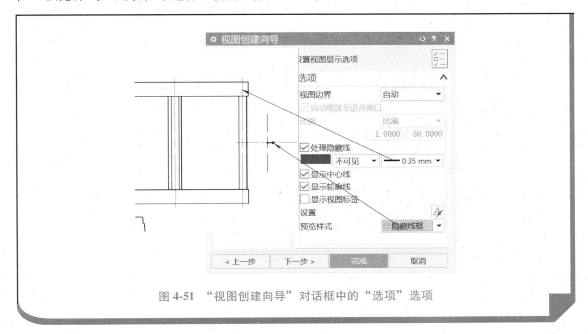

图 4-51　"视图创建向导"对话框中的"选项"选项

6）选择"方向"选项，可以设置主视图的视角方向。在布局图中，常使用俯视图，如图 4-52 所示。

7）用户可以选择"布局"选项，添加其他视角方向，也可以根据需要跳过该选项，如图 4-53 所示。

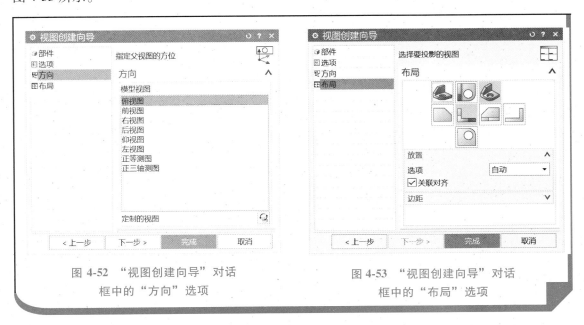

图 4-52　"视图创建向导"对话　　　　图 4-53　"视图创建向导"对话
框中的"方向"选项　　　　　　　　框中的"布局"选项

已创建的视图可以通过用鼠标拖动视图边框的方式移动位置。剖视图或局部放大图可以通过"视图"菜单创建，如图 4-54 所示。图样中涉及的部件被更新时，例如组件的位置变化、重用组件参数被编辑、引用集变化等，图纸并不是自动更新的。在"制图"应用模块中，打开左侧的部件导航器，过期的图样会被标识出来，用户可应用"更新"命令，图纸将会被更新，如图 4-55 所示。

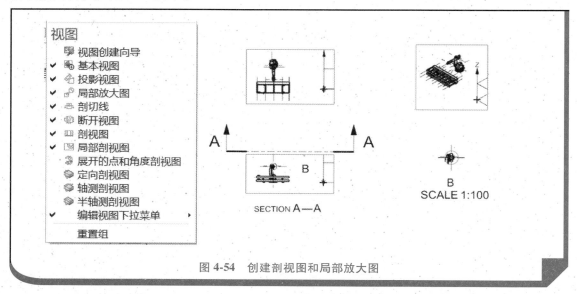

图 4-54　创建剖视图和局部放大图

默认情况下，图纸是黑白色的，如图 4-56 所示。用户可以通过设置改变图纸的颜色，如图 4-57 所示。在视图的设置中，用户可以指定颜色信息的来源，如图 4-58 所示。

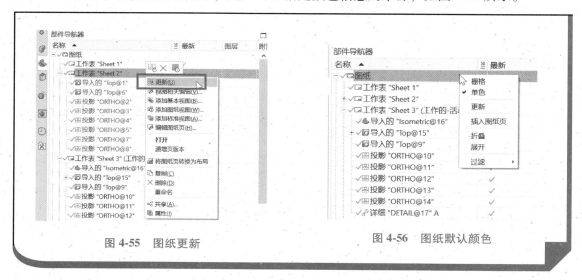

图 4-55　图纸更新　　　　　　　　图 4-56　图纸默认颜色

提示：

关于 NX 制图应用模块的更全面内容，可以参考本套丛书《智能制造数字化建模与产品设计》相关内容。

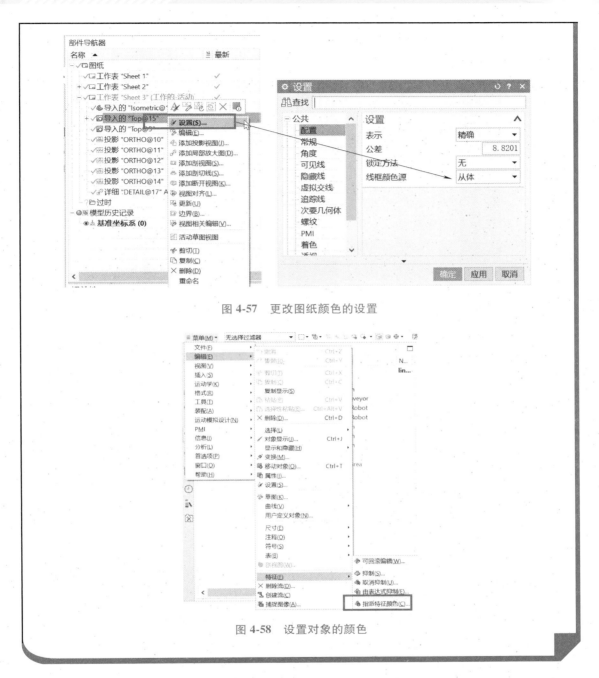

图 4-57　更改图纸颜色的设置

图 4-58　设置对象的颜色

4.7.2　尺寸及注释

尺寸和注释（例如，文本说明）可以被添加和置位等。基于 PMI 信息，尺寸和注释可以被自动创建。

在 NX 软件中单击"主页"选项卡上"尺寸"组中的"快速"按钮，快速创建尺寸，如图 4-59 所示。

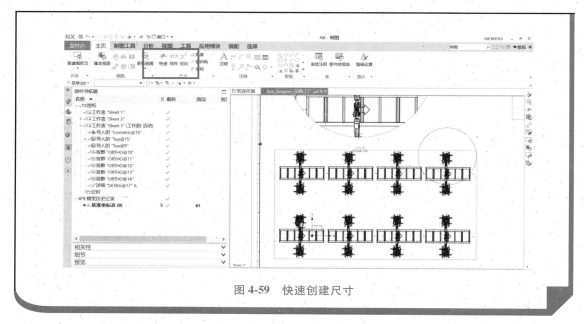

图 4-59 快速创建尺寸

4.7.3 使用客户化符号

使用草图和填充区，可以定义客户化的符号，也可以给客户化的符号着色。例如，可以为火灾疏散方案平面图添加灭火器的符号。

单击"制图工具"选项卡上"定制符号"组中的"插入"按钮 ，在弹出的"定制符号"对话框中的"符号视图"选项区域中选择客户化符号集中的火灾安全符号，插入灭火器，如图 4-60 所示。

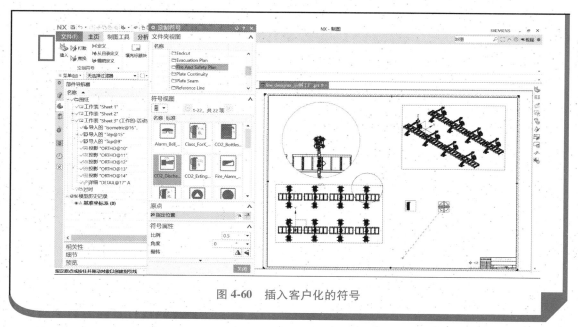

图 4-60 插入客户化的符号

操作练习：

　　自己动手添加剖视图、局部放大图、客户化符号，变更图纸颜色等，效果参考图 4-61
所示内容。

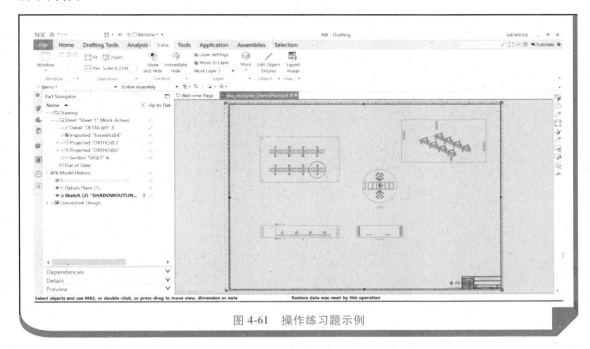

图 4-61　操作练习题示例

第5章

引 用 集

5.1 引用集简介

引用集是生产线设计（Line Designer）软件的一个非常重要的概念。学习引用集的用法是应用生产线设计（Line Designer）软件的一项重要的内容。引用集提供了强大的功能，使用引用集针对同一个组件、设备或资源，汇总多种表达形式，有以下应用：

1）查看图样时，使用存储轻量化格式数据的引用集，减少内存消耗和加载时间。

2）针对不同的需求，使用不同的引用集。例如，使用二维引用集快速进行概念设计和出图，使用详细图引用集进行细节布局仿真。

3）自动创建图纸。例如，使用一种特定的引用集存储所有设备的安装孔的位置信息，然后快速自动创建打孔布局图。

4）设计某种引用集，例如，使用机器人包络线引用集，帮助用户快速找到设备合适的放置位置。

生产线设计（Line Designer）软件默认的工厂资源组件，至少含有以下两个引用集：

1）MODEL 引用集：含有三维几何结构信息，用来进行三维布局。

2）2D_PLAN_VIEW 引用集：包含一个简化的二维轮廓线，在二维空间用来代替该组件。

其他可能含有的引用集，以库卡 KR210 R3100 ultra 机器人为例：

1）DETAIL 引用集：完整的细节模型表达引用集，这里包含了机器人及其电缆包。

2）REACH_ENVELOPE 引用集：可达性包络线引用集，显示了机器人可达距离的包络线。

3）DRILL_PLAN 引用集：打孔位置引用集，一种特殊的引用集，表示机器人地脚螺栓打孔位置信息。

以下三种引用集是默认可用的出厂设置，并有特殊的含义：

1）MODEL 引用集（名称可以自定义）：包含所有的三维几何体（实体、片体等）。

2）Entire Part 引用集：显示所有的几何体。

3）Empty 引用集：不显示任何几何体。

提示：

引用集的名称本身并没有特殊的含义，用户可重新对其定义新的名称。推荐至少使用 MODEL 和 2D_PLAN_VIEW 两种引用集。

5.2　使用引用集

使用引用集有以下两种方法：

1）选中一个或多个对象或工艺区域，在"主页"选项卡上"装配"组的"替换引用集"列表框中，可以方便地为所选模型选择不同的引用集，如图 5-1 所示。

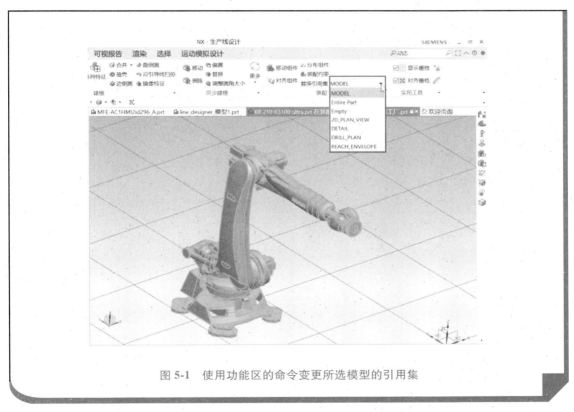

图 5-1　使用功能区的命令变更所选模型的引用集

2）选中一个或多个对象或工艺区域，在图形窗口右击，在弹出的快捷菜单中选择"替换引用集"命令下的不同引用集，变更所选模型的引用集，如图 5-2 所示。

操作练习：

在教学资源包打开"line_designer_示例工厂"文件（图 5-3），单独显示机器人，根据前面所学的内容，依次变更机器人的引用集为 MODEL→Entire Part→Empty→2D_PLAN_VIEW→DETAIL→DRILL_PLAN→REACH_ENVELOP，并观察图形窗口随着引用集的变化而产生的变化，如图 5-4~图 5-9 所示。

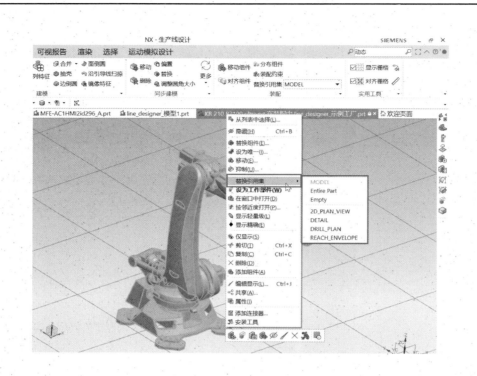

图 5-2 使用快捷菜单变更所选模型的引用集

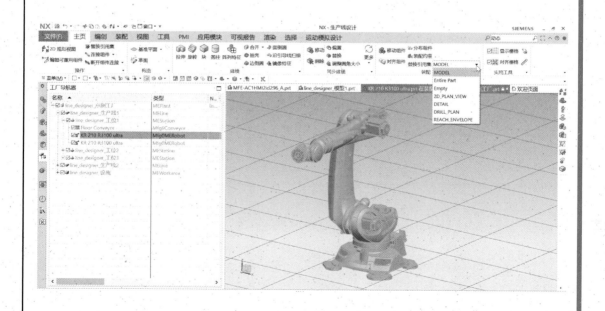

图 5-3 打开文件

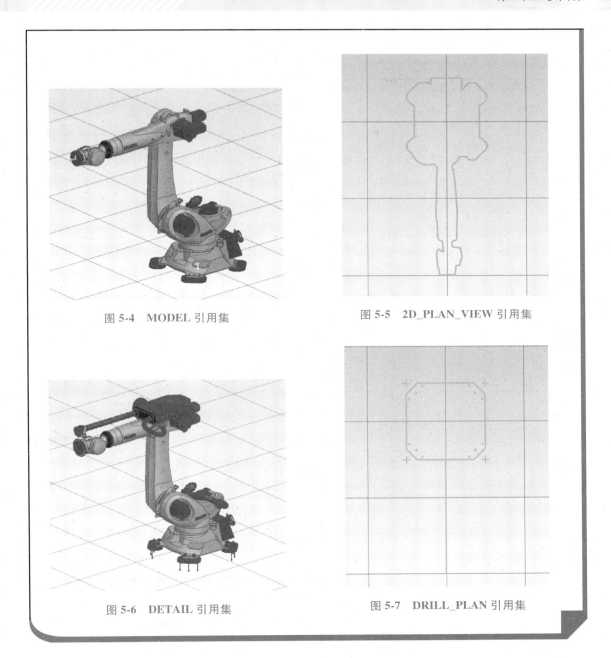

图 5-4　MODEL 引用集

图 5-5　2D_PLAN_VIEW 引用集

图 5-6　DETAIL 引用集

图 5-7　DRILL_PLAN 引用集

5.3　引用集的设置

在工具栏中选择"文件"→"首选项"→"装配加载选项"命令，可以设置加载结构的引用集类型，如图 5-8 所示。该操作能够有效地减少内存消耗和加载时间。例如，对于一个大型工厂，可以先加载二维图（2D_PLAN_VIEW 引用集），然后根据需要切换到三维模型（MODEL 引用集）。

打开"装配加载选项"对话框（图 5-9）后，在"引用集"选项区域中可以单击"添加"按钮⊕或"删除"按钮✕，添加或删除引用集类型。用户可以单击方向按钮⇧⇩调整模型打开时加载引用集的顺序。设置好的加载参数可以保存起来，以便将来使用。

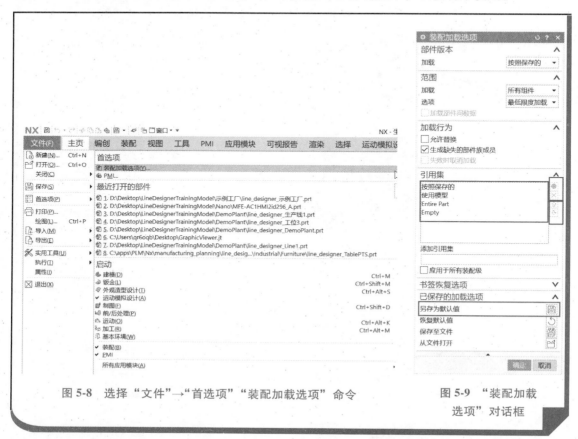

图 5-8　选择"文件"→"首选项""装配加载选项"命令　　　图 5-9　"装配加载选项"对话框

在生产线模型规划的过程中，如果使用了重用数据库中的资源，则需要定义插入重用库资源时的引用集类型，这时用户可以选择"文件"→"实用工具""用户默认设置"命令，如图 5-10 所示。

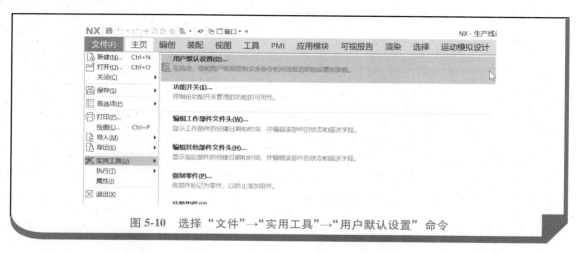

图 5-10　选择"文件"→"实用工具"→"用户默认设置"命令

打开"用户默认设置"对话框，如图 5-11 所示，在"基本环境"下拉列表框中选择"生产线设计"→"常规"选项，在"默认引用集"选项区域中进行设置。

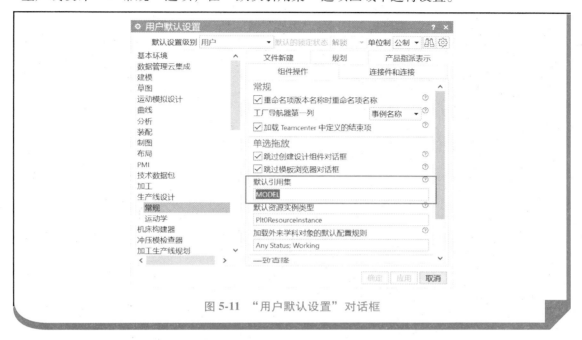

图 5-11　"用户默认设置"对话框

5.4　制作引用集

1）在教学资源包示例工厂文件夹中"打开 line_designer_示例"工厂"模型，新建一个工作区 Workarea，设置"名称"为"设施"，用来放置厂房立柱，如图 5-12 所示。

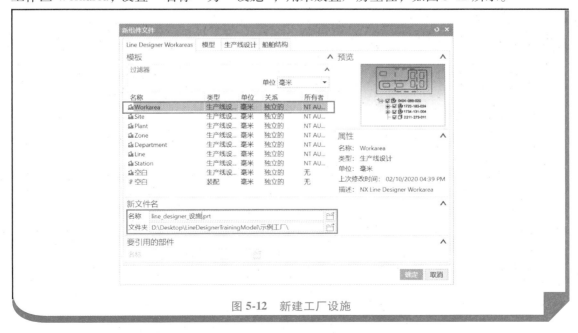

图 5-12　新建工厂设施

2）双击新建的"设施"工作区域，将它激活为工作件，然后在"装配"选项卡上"基本"组中单击"新建组件"按钮 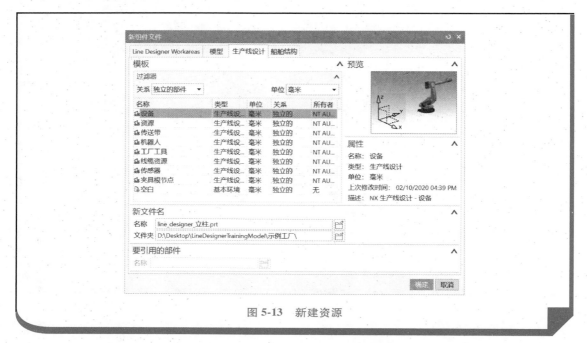，新建一个资源，设置新文件名的名称为"立柱"，如图 5-13 所示，用于创建厂房立柱。

图 5-13　新建资源

3）打开"Line_designer_示例工厂"模型，双击新建的立柱，作为工作件，如图 5-14 所示。

图 5-14　将建好立柱模型作为工作件的状态

4）单击"编创"选项卡上"特征"组中的"柱"按钮 柱，如图 5-15 所示，弹出"柱"对话框，新建一个底座深度为 600mm，宽度为 600mm，高度为 4000mm 的工字钢立柱，如图 5-16 所示。选择立柱放置的位置后，单击"确定"按钮，创建立柱。

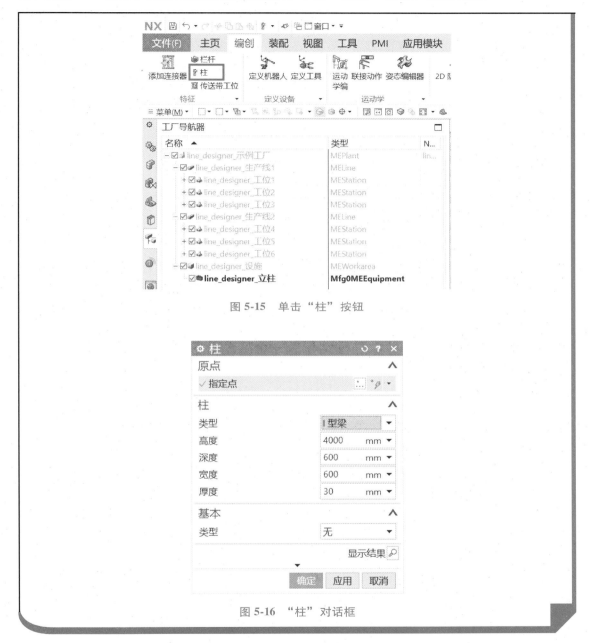

图 5-15 单击"柱"按钮

图 5-16 "柱"对话框

5）重复创建立柱的操作，在该示例工厂模型中生产线的四个角创建四个立柱，结果如图 5-17 所示。

6）在图形窗口选择立柱，单击"编创"选项卡上"实用工具"组中的"2D 阴影轮廓"按钮 _{2D 阴影轮廓}，弹出"创建阴影轮廓"对话框，如图 5-18 所示。选中"添加到引用集中"复选框，并选择"2D_PLAN_VIEW"选项。

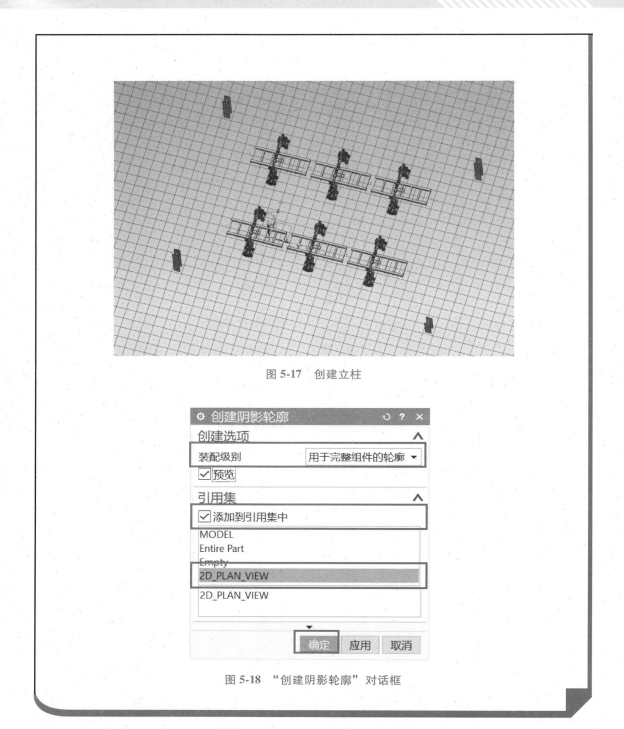

图 5-17　创建立柱

图 5-18　"创建阴影轮廓"对话框

7）在图形窗口选择立柱，单击"主页"选项卡上"操作"组中的，"替换引用集"按钮 替换引用集，选中"添加到引用集中"复选框，并选择"2D_PLAN_VIEW"选项，在图形窗口查看添加立柱的二维轮廓图，如图 5-19 所示。

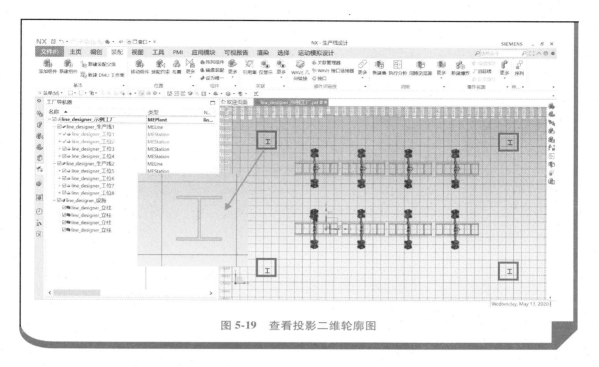

图 5-19　查看投影二维轮廓图

![操作练习图标] 操作练习：

　　打开教学资源包选中"Line_designer_示例工厂"模型中所有的资源对象，并全部替换引用集为二维轮廓图，在二维视图中查看，结果如图 5-20 所示。

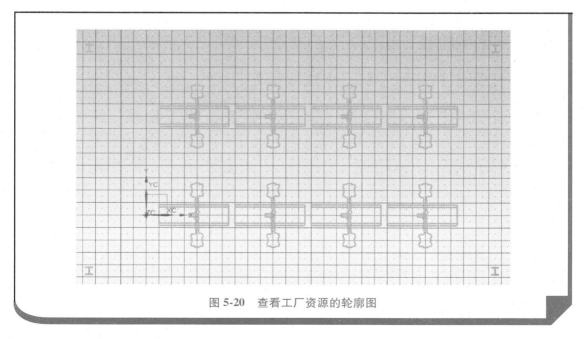

图 5-20　查看工厂资源的轮廓图

第6章

重用库与参数化建模

6.1 重用库简介

重用库的基本环境，是与部件导航器、装配导航器并列的一个区域，如图 6-1 所示。在重用库中，用户可以访问 NX 生产线设计（Line Designer）软件自带的重用库内容，例如，标准件、标准二维轮廓、标准管件等。用户也可以自行扩充重用库内容或建立一个完整的重用库层级分类结构。

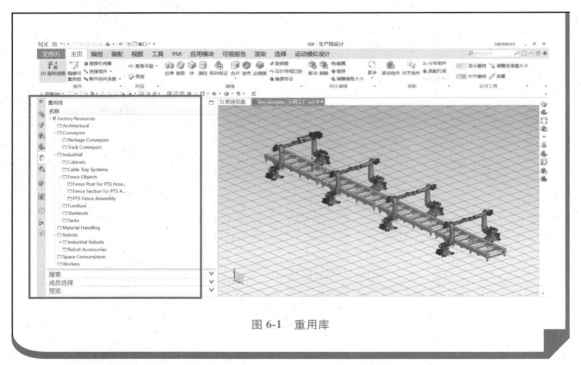

图 6-1 重用库

NX 生产线设计（Line Designer）软件自带的重用库内容按照资源的种类存储，其结构如图 6-2 所示。单击重用库中"生产线资源大类"下面的资源名称，可以看到该类重用库包含资源的三维缩略图，如图 6-3 所示。

图 6-2　生产线设计（Line Designer）软件自带的重用库结构

图 6-3　重用库资源的缩略图

6.2 重用库的应用

6.2.1 搭建土木构件

NX 生产线设计（Line Designer）软件可以快速搭建厂房土木结构，系统自带的重用库中主要包括吊梁、支撑立柱阵列及地板三类，并且可以由用户对重用库进行扩充。

例如，把厂房立柱资源插入到生产线规划模型中，用户通过拖拽的方法，把厂房立柱放置在需要添加立柱的模型中，即可完成立柱的创建工作，如图 6-4 所示。

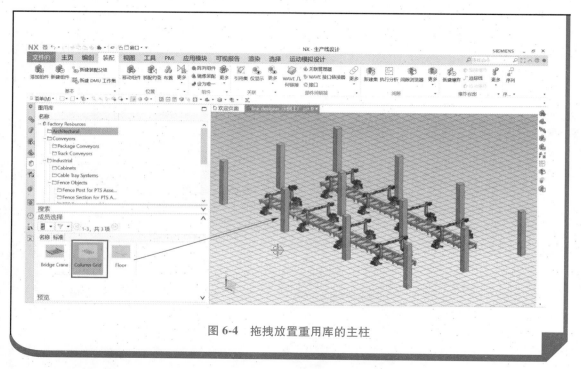

图 6-4　拖拽放置重用库的主柱

用户如需调整立柱的尺寸和布局，则通过单击"主页"选项卡上"操作"组中的"编辑可重用组"按钮，在弹出的对话框中进行设置，如图 6-5 所示。

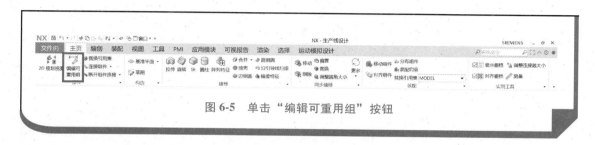

图 6-5　单击"编辑可重用组"按钮

在"修改柱网"对话框中对立柱参数进行编辑可以快速生成新的模型，如图 6-6 所示。例如，更改厂房立柱阵列参数，在新的位置得到立柱模型。

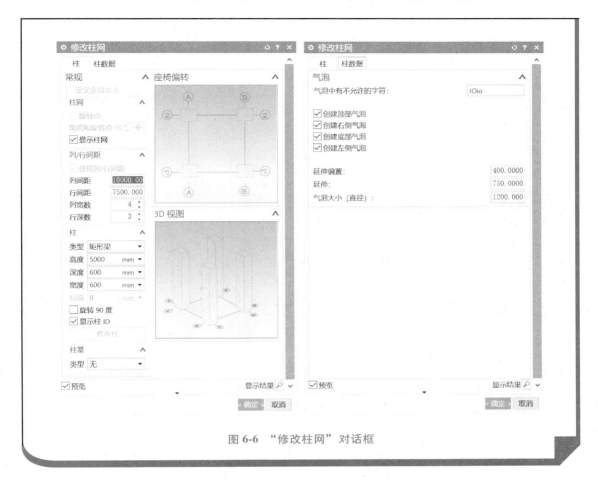

图6-6 "修改柱网"对话框

操作练习:

在生产线设计(Line Designer)软件自带的重用库中,将吊梁结构资源插入到生产线规划模型中,通过调整吊梁的参数(图6-7)可以快速生成新的模型。

6.2.2 搭建传送系统

NX 生产线设计(Line Designer)软件可以快速搭建生产线的物料传送系统,并且可以由用户对其进行扩充。用户通过从重用库中拖拽放置的方法进行物料传送系统的布置和建立。调整布置则通过重用组件的相应对话框完成。

在生产线设计(Line Designer)软件自带的重用库中,物料传送系统资源的模型分为分包传送系统和连续带式传送系统两大类,如图6-8所示。

1)将分包传送系统中合适的机运线资源插入到生产线规划模型中,如图6-9所示。通过调整机运线运输面的参数,调整机运线。通过改变 PTS 参数,调整机运线型型,得到新的机运线模型,如图6-10所示。

2)将连续带式传送系统中合适的带式机运线资源插入到生产线规划模型中,如图6-11所示。通过调整带式机运线的尺寸参数,快速得到新的机运线模型,如图6-12所示。

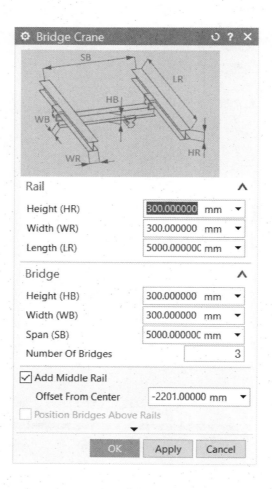

图 6-7 "吊梁结构"对话框

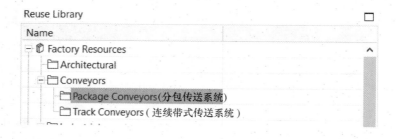

图 6-8 物料传送系统资源的模型分类

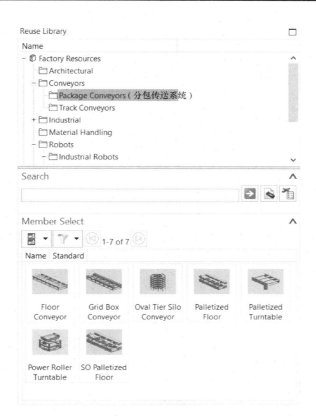

图 6-9　分包传送系统

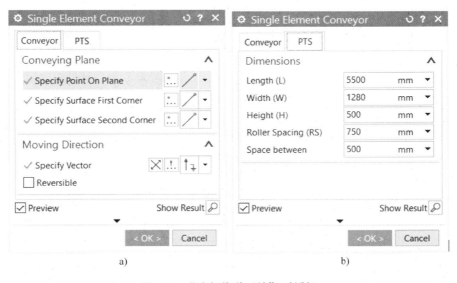

a)　　　　　　　　　　　　　　　b)

图 6-10　"分包传送系统"对话框

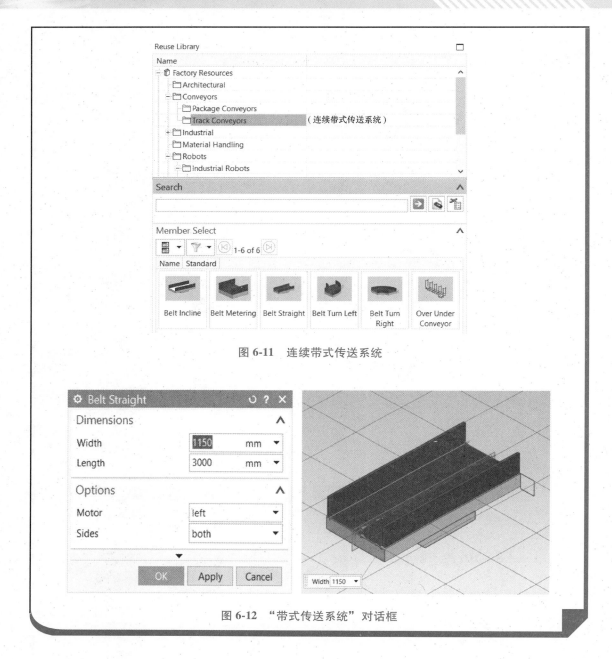

图 6-11　连续带式传送系统

图 6-12　"带式传送系统"对话框

6.2.3　搭建厂区家具

NX 生产线设计（Line Designer）软件可以快速搭建生产线上的厂区家具，并且可以由用户对其进行扩充。用户通过从重用库中拖拽放置的方法进行厂区家具的布置和建立。调整布置则通过重用组件的相应对话框完成。

在生产线设计（Line Designer）软件自带的重用库中，将家具中合适的家具资源插入到生产线规划模型中，如图 6-13 所示。通过调整家具的尺寸参数，快速得到新的家具模型，如图 6-14 所示。

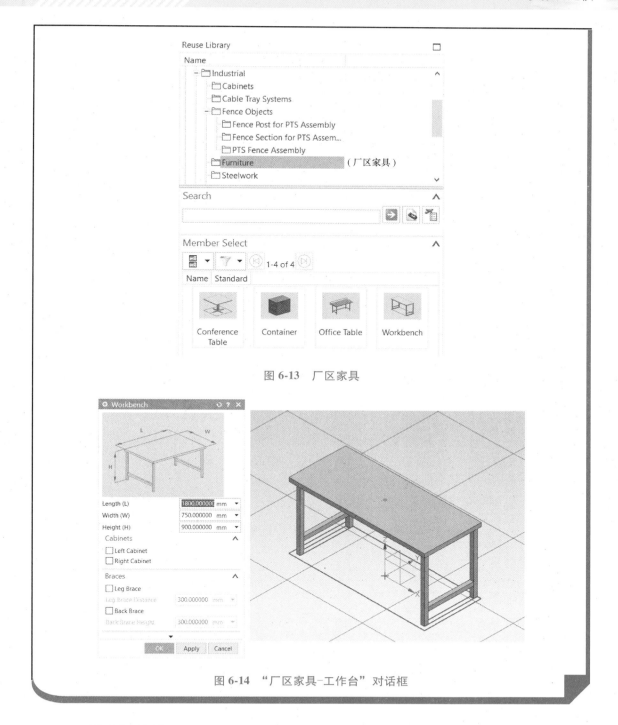

图 6-13　厂区家具

图 6-14　"厂区家具-工作台"对话框

6.2.4　搭建钢结构

NX 生产线设计（Line Designer）软件可以快速搭建生产线上的各种钢结构，并且可以由用户对其进行扩充。用户通过从重用库中拖拽放置的方法进行钢结构的布置和建立。调整布置则通过重用组件的相应对话框完成。

在生产线设计（Line Designer）软件自带的重用库中，将钢结构中合适的钢结构资源插入到生产线规划模型中，如图 6-15 所示。例如，插入钢平台，通过调整钢平台的尺寸参数，快速得到新的钢平台模型，如图 6-16 所示。

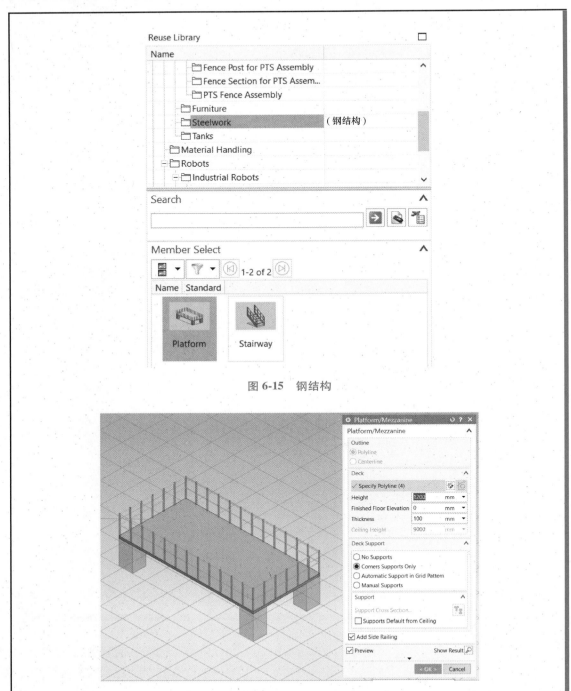

图 6-15　钢结构

图 6-16　"钢平台"对话框

6.2.5　搭建工业容器

NX 生产线设计（Line Designer）软件可以快速搭建生产线上的各种工业容器，并且可以由用户对其进行扩充。用户通过从重用库中拖拽放置的方法进行工业容器的布置和建立。调整布置则通过重用组件的相应对话框完成。

在生产线设计软件（Line Designer）自带的重用库中，将工业容器中合适的工业容器资源插入到生产线规划模型中，如图 6-17 所示。例如，插入压力容器，通过调整压力容器的参数，快速得到新的压力容器模型，如图 6-18 所示。

图 6-17　工业容器

图 6-18　"压力容器"对话框

6.2.6 搭建物料搬运设备

NX 生产线设计（Line Designer）软件可以快速搭建生产线上的各种物料搬运设备，并且可以由用户对其进行扩充。用户通过从重用库中拖拽放置的方法进行物料处理设备的布置和建立。调整布置则通过重用组件的相应对话框完成。

在生产线设计（Line Designer）软件自带的重用库中，将物料搬运设备中合适的物料搬运设备资源插入到生产线规划模型中，如图 6-19 所示。例如，插入吊架，通过调整吊架的参数，快速得到新的吊架模型，如图 6-20 所示。

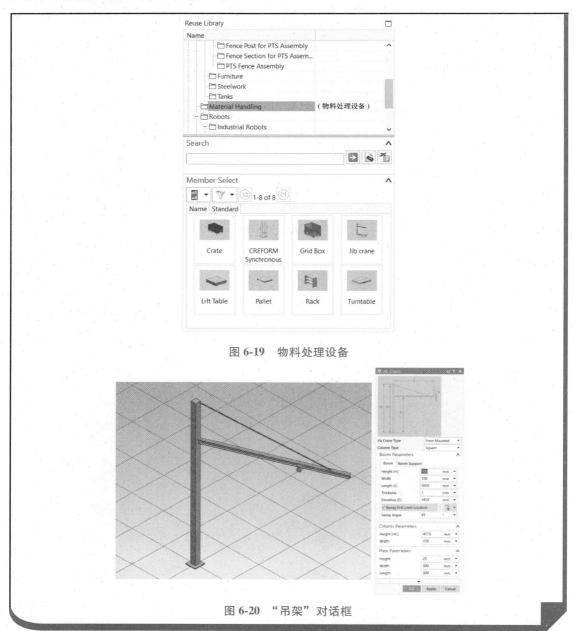

图 6-19　物料处理设备

图 6-20　"吊架"对话框

6.2.7　定位工业机器人

NX 生产线设计（Line Designer）软件可以快速定位放置生产线上的工业机器人及相关设备，并且可以由用户对其进行扩充。用户通过从重用库中拖拽放置的方法进行工业机器人的定位布置。调整位置则通过对装配部件移动定位的命令进行操作。

在生产线设计（Line Designer）软件自带的重用库中，将机器人分类中合适的机器人资源插入到生产线规划模型中，如图 6-21 所示。机器人模型不是 PTS 模型，将机器人调入生产线规划模型中常用的操作是移动，如图 6-22 所示。

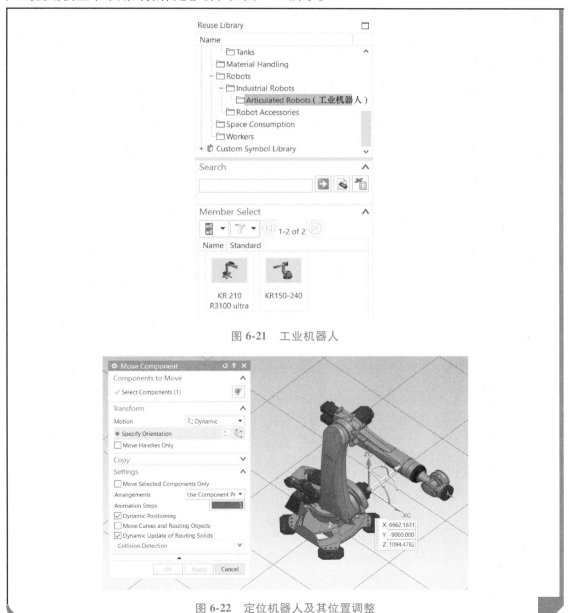

图 6-21　工业机器人

图 6-22　定位机器人及其位置调整

6.2.8 定位操作工

NX 生产线设计（Line Designer）软件可以快速定位放置生产线上的操作工。用户通过从重用库中拖拽放置的方法进行生产线操作工的定位布置，如图 6-23 所示。调整位置则通过对装配部件移动定位的命令进行操作。

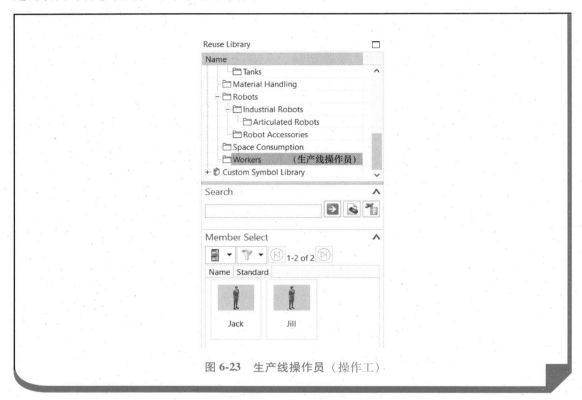

图 6-23　生产线操作员（操作工）

操作练习：

新建生产线模型，然后新建工艺区域，插入生产线设计（Line Designer）软件系统自带的不同的重用库文件，编辑并查看其中的内容。

6.3　创建重用库模型

重用库能够提供生产线设计（Line Designer）软件系统使用的设备资源模型，在创建新的重用库资源时，可以从多种数据来源接收数据，并在 NX 系统中完成创建和编辑工作，然后存入生产线设计（Line Designer）软件重用库。

设备资源模型本身也可以采取各种表达形式，存储在不同的引用集中，以适应生产线设计过程不同场景用户对资源使用的要求。其中，不同的引用集可以放置完全精确模型、快速轮廓模型、布局顶视图二维轮廓模型等。

制作规范标准的资源模型并存入重用库是企业数据标准化非常重要的组成部分。使用重用库的标准化资源又能够快速布局建模，这也是生产线设计（Line Desinger）软件的突出特点。

1）当企业拥有旧的生产线设计数据及模型，在进行新的生产线规划时，用户可以导入已有资源的三维数据，例如，Parasolid 格式、STEP 格式或从其他的三维 CAD 环境导入的模型。在生产线规划软件中对所导入的数据进行整理，添加引用集（DETAIL、MODEL、2D_PLAN_VIEW），完成标准化后加入重用库，作为库文件。

2）生产线仿真数据经常使用 JT 数据格式，在生产线规划软件中导入 JT 数据，使用同步建模技术对模型进行编辑整改，添加引用集 MODEL、2D_PLAN_VIEW，完成标准化后加入重用库，作为库文件。

6.4　参数化建模基础

6.4.1　资源的种类

在生产线设计（Line Designer）软件中，系统支持以下多种类型的资源：

1）单个节点，没有参数化的资源。例如，前面使用的库卡 KR210 R3100 ultra 机器人。

2）含有多个节点的装配体，没有参数化的资源。例如，导入的含有装配结构的设备。

3）Parametric Resources（PTS-based）：参数化的模型组件，已经配置了用户接口界面，用来填入参数，从而得到参数化的模型。

4）Parametric Resources（Part-Family）：参数化的模型，所有参数的定义通过 Excel 表格设置。

5）Smart Equipment：智能设备，一种类似参数化资源的模型，但是有特殊的菜单和行为。例如，楼梯 Stairway。

6.4.2　创建 PTS（产品模板工作室）资源的基本流程

1）根据资源的类型，创建资源。

2）定义资源的主要参数。

3）定义关键参数。

4）依据参数创建特征。

5）测试参数功能。

6）定义引用集。

7）定义产品制造特性 PMI。

8）定义移动布置所需的点数据、基准、轴数据等信息。

9）定义连接器。

10）保存部件并预览视图图像。

11）切换到 PTS 编辑环境，定义 PTS 的初始用户界面、标题、模板原点等。

12）定义用户界面中各项参数及其设置风格。

13）定义用户界面中详细参数及其输入、调整方式等。

14）添加用户界面中所需的各项检查规则。

15) 保存 PTS 数据。

16) 测试 PTS 数据。

17) 归类并发布 PTS。

6.4.3 创建参数化资源

下面以设计一个长度、宽度、高度可参数化变化的桌子为例，讲解创建参数化资源的步骤。

1) 打开生产线设计（Line Designer）软件，创建一个设备，命名为"TablePTS"，如图 6-24 所示。

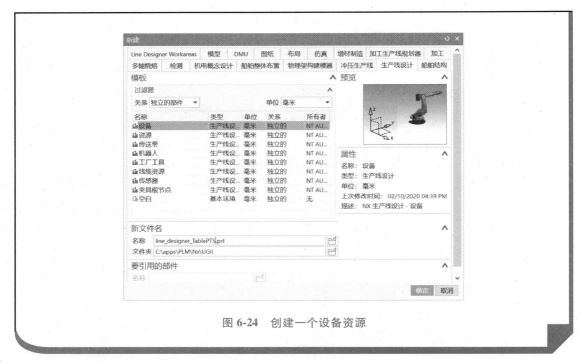

图 6-24 创建一个设备资源

需要注意的是，在创建参数化模型时，推荐先创建用来控制几何体尺寸的变量。在 NX 软件中，变量称作表达式。表达式可以是含有单位的数字，例如，变量为长度，其单位可以是毫米（mm）或英寸（inch）；变量为面积，其单位可以是平方毫米（mm^2）、平方英寸（sq·in），整数，字符串等。对于桌子，关键尺寸是长度、宽度和高度，单位为毫米（mm）。

2) 单击"编创"选项卡上"实用工具"组中的"表达式"按钮 $\overset{=}{\text{表达式}}$，弹出"表达式"对话框。在"表达式"对话框右侧空白行右击，在弹出的快捷菜单中选择"新建表达式"命令，依次新建 Length（长度），Width（宽度）和 Height（高度）表达式。设置其"单位"为 mm（毫米），"量纲"为长度，"类型"为数字。并依次设置长度的初始值为 1800mm；宽度的初始值为 900mm，高度的初始值为 1000mm，如图 6-25 所示。完成设置后，单击"应用"按钮，再单击"确定"按钮，关闭对话框。

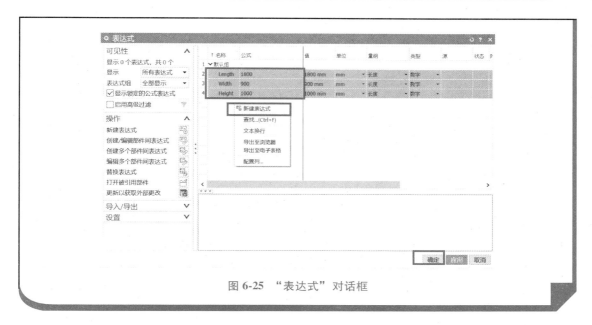

图 6-25　"表达式"对话框

3）创建一个长方体实体，用来定义桌子腿。桌子腿实体的截面是一个 50mm×50mm 的正方形，这个尺寸并不是参数化的尺寸。桌子腿实体的高度由使用高度表达式的公式计算，类似于 Excel。

提示：

如果在"高度"文本框输入"Height"，系统将会自动提示用户之前已经定义好的高度表达式的名称。

4）单击"主页"选项卡上"建模"组中的"块"按钮 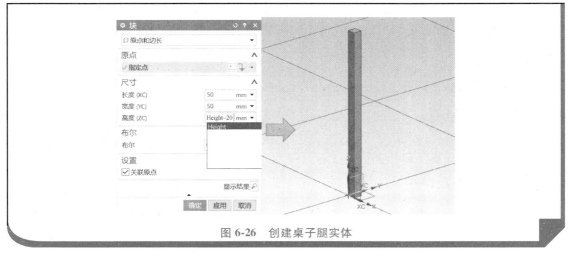，弹出"块"对话框，如图 6-26 所示。在"块"对话框中输入桌子腿实体的参数值。对于高度，考虑到桌面的厚度，用户把桌子腿实体的高度定义为 Height-20mm。单击"应用"按钮后，在图形窗口生成一个 50mm×50mm×980mm 的桌子腿实体。

图 6-26　创建桌子腿实体

在创建桌子其他三条腿实体时，可以使用阵列功能。单一方向的阵列可以只从列表里选择一个 XC 方向。对于桌子，可以选择两个阵列方向，XC 方向和 YC 方向。

5）单击"主页"选项卡上"建模"组中的"阵列特征"按钮 ，打开"阵列特征"对话框，如图 6-27 所示。对于桌子，在长度方向上两条腿的距离是用户设置的长度参数 Length 减去桌子腿截面的长度，因此用户把阵列的节距设置为 Length-50mm。同理，在宽度方向上，两条腿的距离是用户设置的宽度参数 Width 减去桌子腿截面的宽度，因此用户把阵列的节距设置为 Width-50mm。

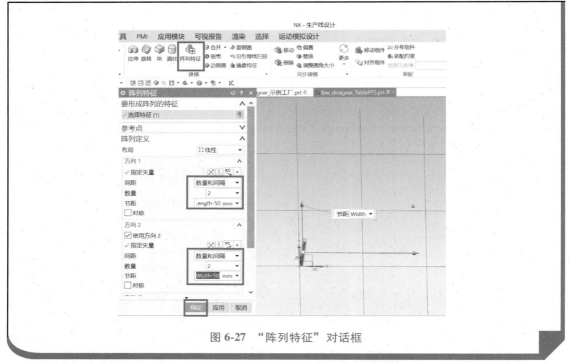

图 6-27 "阵列特征"对话框

6）设计桌子面。单击"主页"选项卡上"建模"组中的"块"按钮 ，打开"块"对话框，如图 6-28 所示。选择其中一条腿的端点作为起始点。如果选中"关联原点"复选框，NX 软件将会自动跟随桌子腿的高度更新桌子面的高度。单击"确定"生成桌子面。

7）在部件导航器中展开表达式，通过改变表达式参数的值，快速地改变模型，得到新的模型，如图 6-29 所示。

8）在草图环境中，创建桌子的二维轮廓图，并把它添加到桌子模型的二维规划图（2D_

图 6-28 "块"对话框

PLAN_VIEW）引用集中。需要注意的是，草图的创建也是和表达式参数相关联的，变更三维模型对应的长度或宽度参数，草图也会随之更新。单击"主页"选项卡上"构造"组中的"草图"按钮 ✐，在打开的"创建草图"对话框中，设置创建草图的平面方法、参考、原点方法、坐标系等信息，如图 6-30 所示。

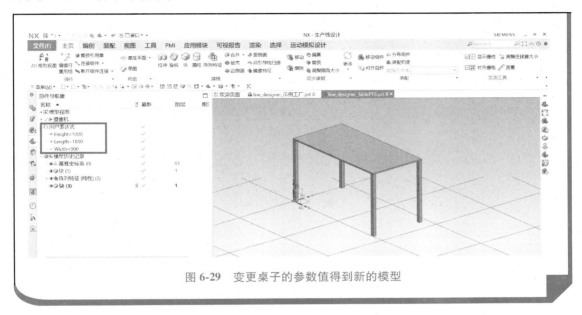

图 6-29　变更桌子的参数值得到新的模型

9）选择"主页"选项卡进入"草图"模块，使用两点画矩形的方法，快速地画出桌面和四条腿投影的截面图，如图 6-31 所示。完成作图后，单击"完成"按钮 ⚑，结束草图操作。

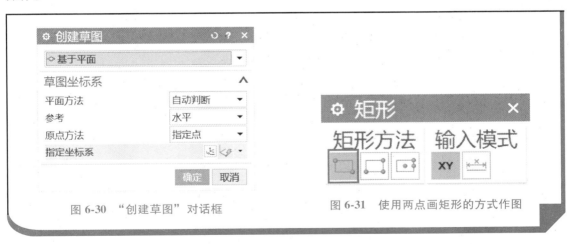

图 6-30　"创建草图"对话框　　　　图 6-31　使用两点画矩形的方式作图

10）单击"视图"选项卡上"内容"组中的"显示和隐藏"按钮 ，打开"显示和隐藏"对话框，隐藏实体，查看画好的二维草图，如图 6-32 所示。在部件导航器中，修改桌子对应的参数，查看图形窗口中草图对应的变化。

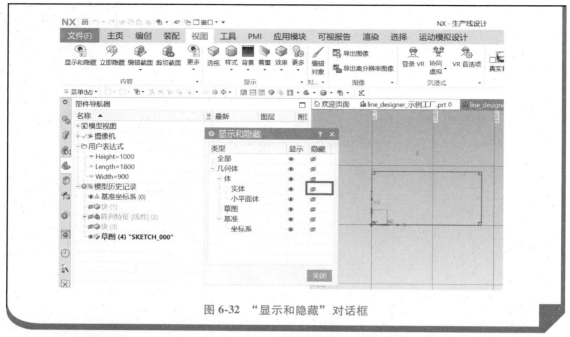

图 6-32 "显示和隐藏"对话框

完成草图的制作以后，为了满足自动生成图样的需要，可以继续为关键尺寸添加 PMI（Product and Manufacturing Information，产品制造信息）。基于 PMI，在图纸上可以自动插入尺寸信息。为了定义图纸的不同视图需要显示的尺寸信息，需要将 PMI 添加到正确的视图中。例如，长度和宽度需要添加到俯视图中，高度需要添加到主视图中。

11）在部件导航器中选择俯视图，单击"PMI"选项卡上"尺寸"组中的"快速"按钮 ⬙ ，创建长度和宽度的 PMI，并单击"PMI"选项卡上"显示"组中的"调整大小"按钮 🅰 ，调整字体大小，如图 6-33 所示。

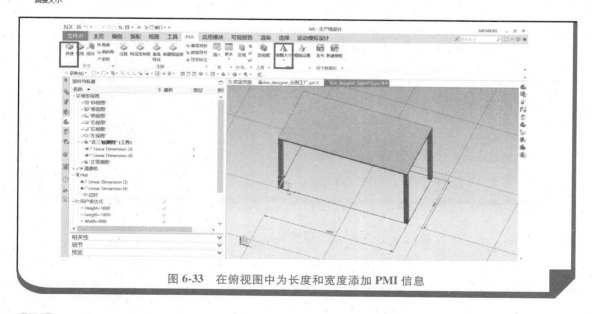

图 6-33 在俯视图中为长度和宽度添加 PMI 信息

12）按照同样的方法，在主视图中，为高度添加 PMI。

13）增加桌子二维规划图（2D_PLAN_VIEW）引用集。单击"编创"选项卡上"实用工具"组中的"引用集"按钮 ![引用集]，打开"引用集"对话框，在"添加新的引用集"列表框中选择"2D_PLAN_ VIEW"选项，在图形窗口选择草图，把草图增加到二维规划图（2D_PLAN_VIEW）引用集中，如图 6-34 所示。

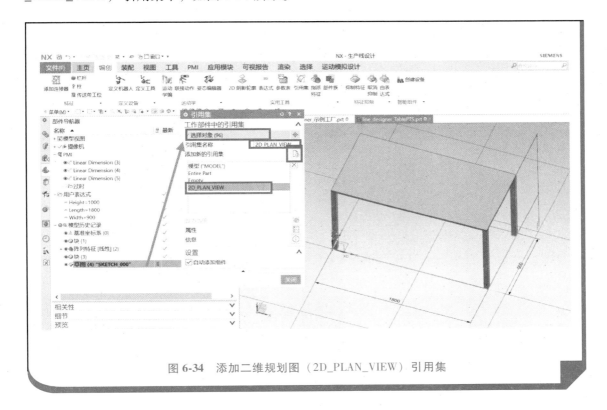

图 6-34 添加二维规划图（2D_PLAN_VIEW）引用集

6.5 把参数化模型添加到重用库

把设计好的桌子参数化模型保存在 NX 软件的安装文件夹的特定目录下，如图 6-35 所示。用户可以在重用库找到这个新建的桌子模型，并方便地使用它。

完成保存操作后，将希望归类在重用库的资源存储到指定的位置，在重用库导航器中，选择对应文件夹，右击在弹出的快捷菜单中选择"刷新"命令，如图 6-36 所示。桌子模型作为库文件使用的文件，将会出现在重用数据库中。使用拖拽的方法，可以简单便捷地把重用库中的资源加载到模型中。

 提示：

在重用库导航器中，选择存储的对应文件夹，右击在弹出的快捷菜单中选择"定义可重用对象"命令，如图 6-37 所示，用户可以添加重用对象的实体、名称、图片等相关信息，如图 6-38 所示。

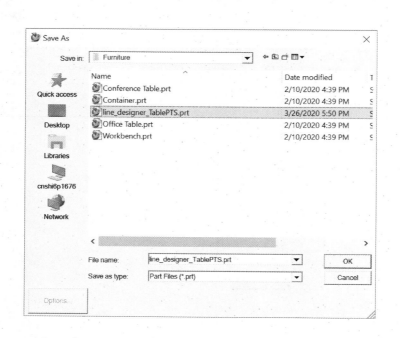

图 6-35　保存桌子参数化模型到重用库对应的文件夹

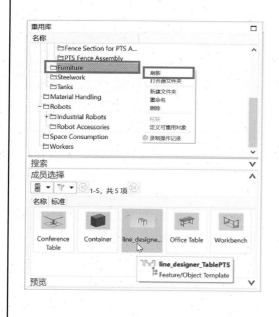

图 6-36　刷新重用库文件

图 6-37　选择"定义可重用对象"命令

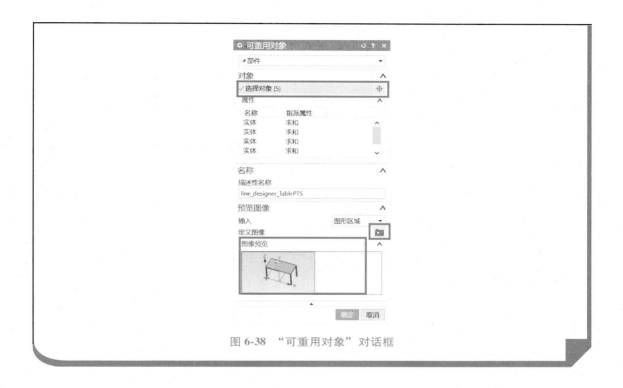

图 6-38 "可重用对象"对话框

6.6 添加重用库 PTS 模型的参数设置对话框

6.6.1 设置 PTS 模型参数设置对话框的原因

使用 PTS 参数化建模创建的模型，最大的优势是能够帮助用户快速地调整参数得到新的模型。当完成把参数模型放置到重用数据库中后，还需要添加设置参数的用户界面，使用起来才能更加方便。

为了方便理解，用户新建一个工作区 Workarea1，在重用库的家具文件夹，找到新建的桌子模型，把它从重用库添加到新建的工作区下面。添加进来的桌子模型和用户保存在重用库中的桌子的长宽高属性是一样的。此时，如果用户要调整桌子的参数，需要激活桌子作为工作件，在部件导航器找到桌子的参数，并进行调整参数，如图 6-39 所示。

然后在新建工作区的重用库导航器中的家具文件夹，找到文件柜（Container），把它从重用库添加到新建的工作区下面。在图形窗口中选择该文件柜，右击在弹出的快捷菜单中选择"编辑可重用组件"命令或单击"编辑可重用组件"按钮，打开"调整文件柜参数"对话框，用户可以方便地定义该文件柜的尺寸，如图 6-40 所示，从而找到了桌子模型和文件柜两个库文件的区别，便理解了需要设置 PTS 模型参数设置对话框的原因。

6.6.2 如何设置 PTS 模型参数设置对话框

定义 PTS 参数化模型的用户界面，需要使用 PTS 创建应用（PTS Author Application）功能。打开之前参数化设计的桌子模型，选择"文件"→"所有应用模块"→"开发人员"→"PTS Author"命令，如图 6-41 所示。

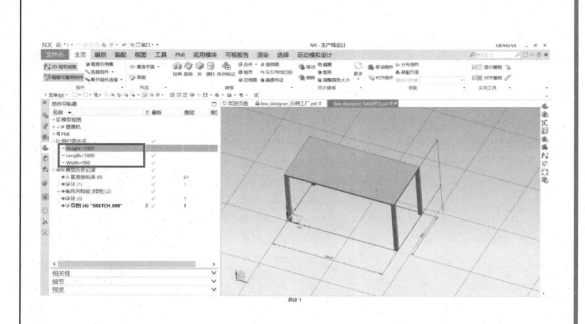

图 6-39　在部件导航器调整桌子的参数

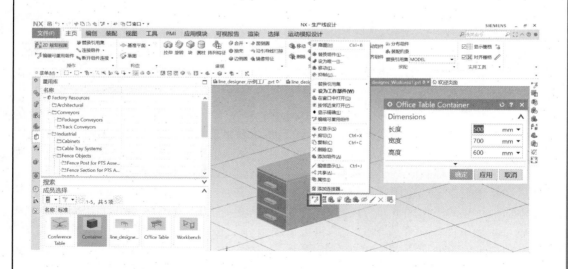

图 6-40　调整文件柜参数的对话框

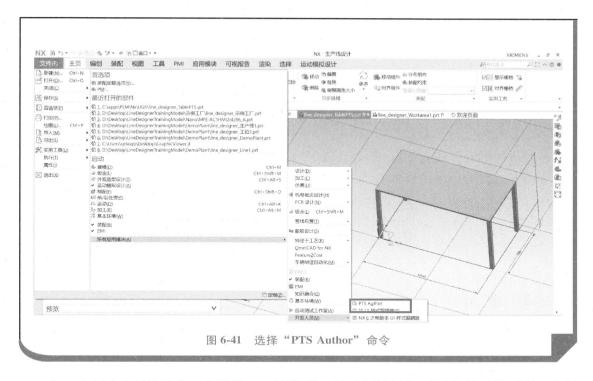

图 6-41　选择"PTS Author"命令

在 PTS 创建应用界面中，左侧是 PTS 浏览器，显示了被添加到用户界面的元素；中间是预览对话框，可预览做好的用户界面；右侧是用户界面编辑对话框，在"属性"选项区域可设置"标题"名称，完成后会显示在预览用户界面的标题栏，如图 6-42 所示。

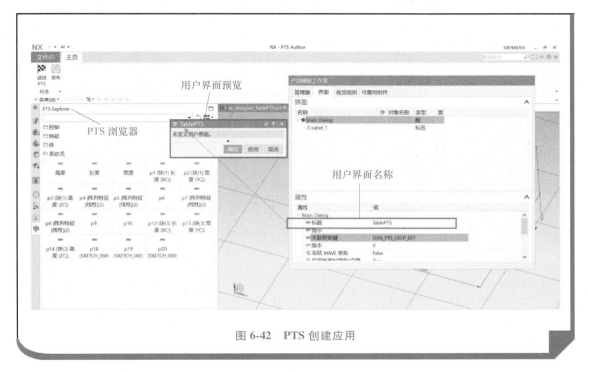

图 6-42　PTS 创建应用

对话框初始化（Dialog Initialization）用来设置对话框的初始值，其中，"使用放置位置作为模板原点"选项是指将来把该模型从重用库中以拖拽的方式添加到生产线规划模型中时，默认放置位置为坐标原点。

引用集设置用来定义打开用户界面的时候，对应显示的模型引用集，如图6-43所示。

在左侧PTS浏览器的"控制"文件夹中，可以选择界面控制样式，并将其添加到用户界面进行用户界面的设计。其中，"可折叠组"是比较推荐的一种样式，它可以隐藏该组下面对应的参数，在默认状态下这些参数被隐藏。用户可以单击下拉箭头，展开该组隐藏的内容。此处用户使用"可折叠组"样式设计用户界面，并命名为"Dimension"（尺寸），如图6-44所示。

"选项卡控制件"样式对复杂组件应用的用户界面非常有好处。

图6-43 对话框初始化设置

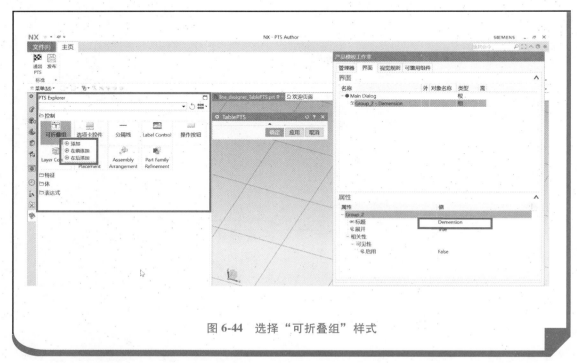

图6-44 选择"可折叠组"样式

"Label Control（标签控制）"样式可以为用户界面添加文字解释说明或图片解释说明。

接下来在用户界面添加参数表达式。在左侧的 PTS 浏览器中，展开"表达式"文件夹，分别选择"长度""宽度""高度"表达式，右击在弹出的快捷菜单中选择"添加"命令，将其分别添加到用户界面。在右侧的对话框编辑"标题"名称，如图 6-45 所示。设置"立即更新"属性为"NX 更新"，便于在参数变更时模型随之快速更新。

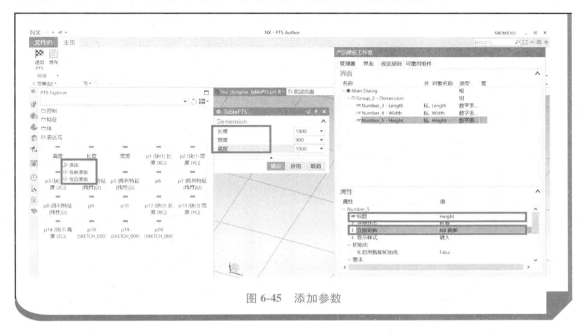

图 6-45　添加参数

用户界面添加参数调整的风格也可以在显示样式处设置，常见的风格有键入、选择列表、线性尺寸等 11 种样式，如图 6-46 所示。

1）"键入"样式是在对话框直接输入参数值，如图 6-47 所示。

2）"选择列表"样式是在"值"文本框中建立下拉列表框的值，可以通过在下拉列表框中选择值的方法变更参数，如图 6-48 所示。

3）"比例"样式是通过拖拽比例尺滑块来调整参数，如图 6-49 所示。

4）"旋转"样式是通过步进调整参数，可以设置调整参数的最小值和最大值，如图 6-50 所示。

完成用户界面编辑后，单击"主页"选项卡上"标准"组中的"发布"按钮，发布用户界面。单击"退出 PTS"按钮，退出 PTS 创作应用。

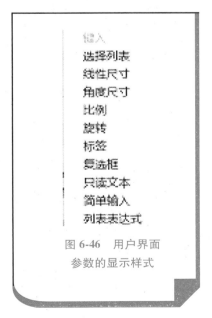

图 6-46　用户界面
参数的显示样式

 操作练习：

变换不同的用户界面参数样式，并查看其不同内容。

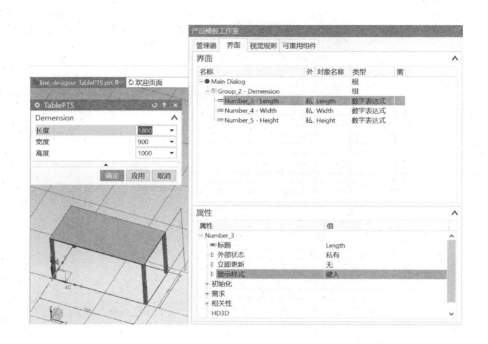

图 6-47　用户界面参数的"键入"样式

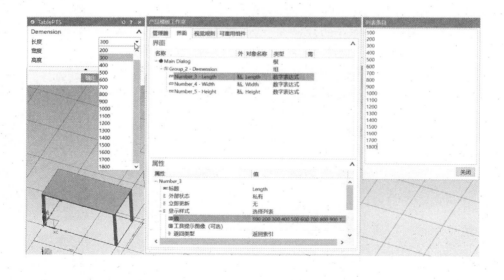

图 6-48　用户界面参数的"选择列表"样式

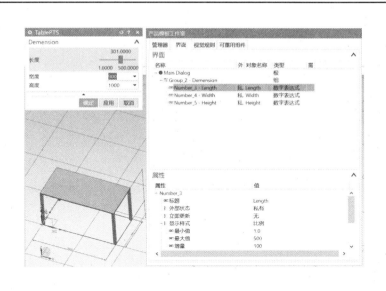

图 6-49　用户界面参数的"比例"样式

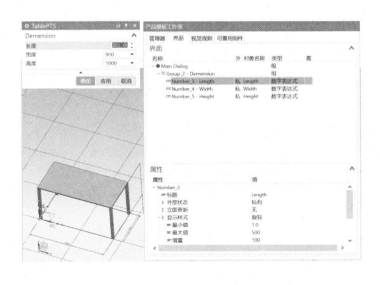

图 6-50　用户界面参数的"旋转"样式

6.6.3　应用 PTS 模型参数设置对话框

打开新建的一个工作区 Workarea，在重用库导航器的"家具"文件夹中，找到新建的桌子模型，把它从重用库添加到新建工作区下面。在图形窗口中选择桌子，右击在弹出的快捷菜单中选择"编辑可重用组件"命令或单击"编辑可重用组件"按钮，使用自己设计的用户界面，调整桌子的尺寸，如图 6-51 所示。

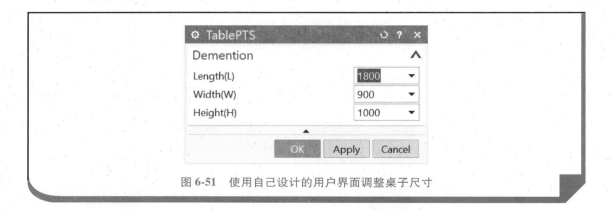

图 6-51   使用自己设计的用户界面调整桌子尺寸

第7章

生产线规划的 HD3D 可视报告

7.1 HD3D 可视报告简介

HD3D 是一种用于快速查找和解释关于产品或设计信息的技术。HD3D 将可隐藏或难以找到的数据转换为可立即访问和处理的信息，从而加快设计过程。为此，用户可以使用标记和视图样式将该信息重叠在 3D 模型上。另外，生产线设计（Line Designer）软件提供了良好的用户界面，以辅助浏览图形窗口中呈现的信息；提供了多种 HD3D 工具，用于直接在 3D 模型上显示信息和进行交互操作。

在 HD3D 工具管理器中，用户可以进行以下操作：

1）查看每个工具的状态。

2）激活或停用某个工具。当用户激活某个 HD3D 工具时，该工具的对话框会替换 HD3D 工具管理器，在对模型进行更改之后刷新报告；停用某个 HD3D 工具，以便该工具的按钮中不显示报告信息。

3）访问"HD3D 工具属性"对话框，可以在其中选择要访问的 HD3D 工具所在的应用模块。可以通过导航窗口的 HD3D 工具管理器访问 HD3D 工具，如图 7-1 所示。

HD3D 可视报告工具是 HD3D 工具中的一种，用于分类图形显示或生成可视化的各种报告。可视报告工具有助于在视觉上分析生产线规划的信息。

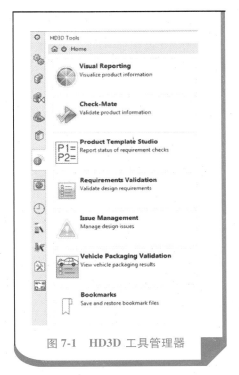

图 7-1　HD3D 工具管理器

7.2 将应用模块指定到 HD3D 工具

用户可以指定在不同的应用模块中显示 HD3D 工具。

1）选择"文件"→"首选项"→"HD3D 工具"命令，如图 7-2 所示。

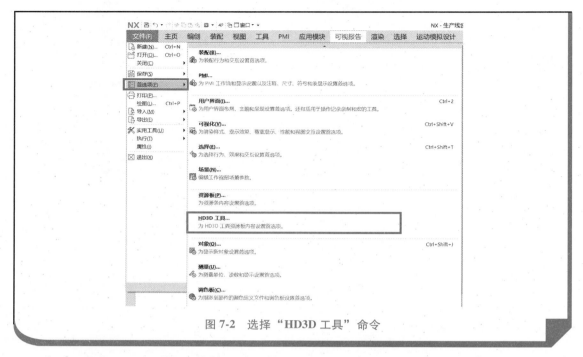

图 7-2　选择"HD3D 工具"命令

2）打开"HD3D 工具"对话框，如图 7-3 所示，在该对话框中选择需要的 HD3D 工具，这里用户主要用到的工具是"可视报告"。

如果用户只选择"可视报告"工具，在 HD3D 工具管理器就只能看到"可视报告"工具，如图 7-4 所示。

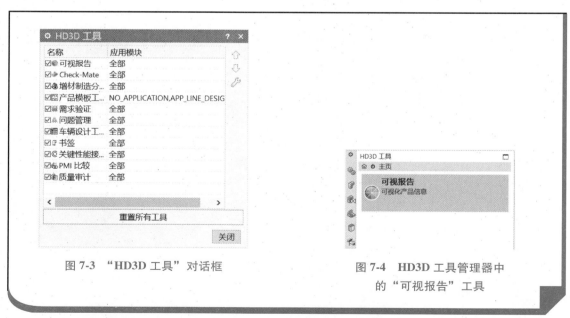

图 7-3　"HD3D 工具"对话框

图 7-4　HD3D 工具管理器中的"可视报告"工具

3）在"HD3D 工具"对话框的"名称"列表中，选中"可视报告"复选框，单击"属性"按钮 ⚒，打开"HD3D 工具属性"对话框，如图 7-5 所示。如要在某个应用模块中显示 HD3D 工具，则选中"应用模块"下拉列表框中的所有复选框。如要从某个应用模块中移除 HD3D 工具的显示，则清除"应用模块"下拉列表框中的复选框。详细描述见表 7-1。

图 7-5　"HD3D 工具属性"对话框

表 7-1　"HD3D 工具属性"对话框的"应用模块"下拉列表框中的各复选框

复选框	描　　述
"应用模块" 下拉列表框中 的各复选框	列出当前显示选定工具的所有应用模块
	默认情况下，各复选框均被选中。清除某个应用模块复选框会使 HD3D 工具在该应用模块中不可用 此列表仅适用于在对话框顶部显示名称的 HD3D 工具
全选	选定所有显示的应用模块 如果不希望 HD3D 工具在所有应用模块中均可用，则取消选中该复选框

操作练习：

1. 单独打开 HD3D 可视报告工具，观察 HD3D 工具导航器的变化。
2. 打开多种 HD3D 工具，只选中"可视报告"复选框，观察 HD3D 工具导航器的变化。

7.3　激活 HD3D 工具

单击资源条上的"HD3D 工具"按钮⬤，可用的 HD3D 工具将显示在 HD3D 工具管理器中，如图 7-6 所示。

采用以下方式之一激活"可视报告"工具：

1）选择"可视报告"工具并双击。

2）选择"可视报告"工具，右击，在弹出的快捷菜单中选择"激活"命令。

此时便会激活 HD3D 可视报告，其对话框会显示在 HD3D 工具管理器中，如图 7-7 所示。

如要从 HD3D 工具管理器中停用 HD3D "可

图 7-6　激活 HD3D 工具

视报告"工具，则选择该工具，右击，在弹出的菜单中选择"停用"命令。如要从工具对话框中停用 HD3D"可视报告"工具，则单击"停用"按钮 ⏻，如图7-8所示。

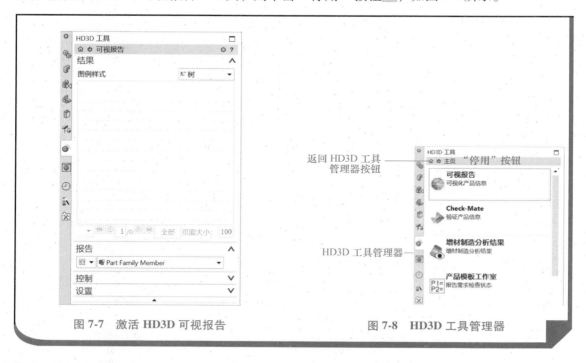

图 7-7　激活 HD3D 可视报告　　　　图 7-8　HD3D 工具管理器

7.4 资源属性及属性可视报告

用户在生产线设计（Line Designer）软件中进行生产线规划，经常需要按照设备属性制作各种报告。资源的属性或赋值可以在工厂导航器的对应列中显示，如图7-9所示，例如"类型"这一列。这些属性可以直观地显示在可视化报告中。

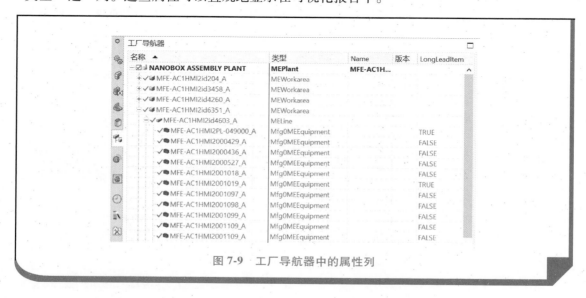

图 7-9　工厂导航器中的属性列

在制作可视化报告之前，需要先填写资源对象对应的属性。以示例工厂为例，下面介绍如何添加、改变资源的属性。

1）在教学资源包中找到示例工厂文件夹，双击 MFE-AC1HMI2id296_A. prt 模型，打开示例工厂。在工厂导航器标题栏的空白处右击，在弹出的快捷菜单中选择"配置"命令，如图 7-10 所示。

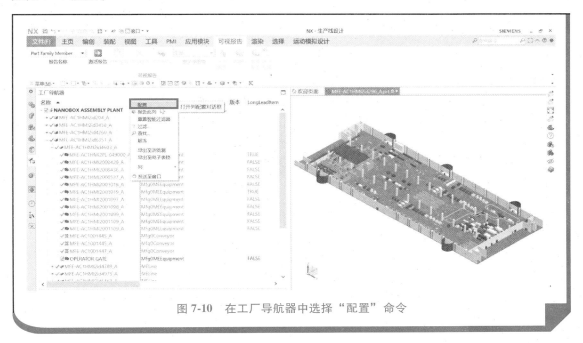

图 7-10　在工厂导航器中选择"配置"命令

2）打开"列配置"对话框，如图 7-11 所示。使用左右箭头按钮增加或减少某个属性列，使用上下箭头按钮可以调整列显示的前后顺序。在 Mfg0ConveyorRevision 下面找到 LongLeadItem 列，把它添加到右侧显示列中，并单击上下箭头按钮，把该列调整到前排显示。

工厂生产过程中可能遇到多种情况，例如某些设备制造周期长，一般需要提前向设备提供商订货，否则很难赶上工厂需要的交货期。还如在项目改造时，用户需要工厂的下级设备集成供应商提供某设备，那么该工厂就不需要再进行订货。还有的时候，需要重用之前项目中的某些设备。为了确认设备的数量和型号，用户可以使用"Long Lead Item（长周期设备列）"创建可视报告。在工厂导航器标题栏的空白处右击，在弹出的快捷菜单中选择"报告此列"命令，如图 7-12 所示。

 提示：

每次只能创建一个属性的可视报告。

在 HD3D 导航器可视报告中可以查看报告，如图 7-13 所示。在可视报告中，用不同颜色表示属于长周期的设备和不属于长周期的设备。其中，深红色表示非长周期设备，黄色表示长周期设备。在右侧图形窗口中有相对应的标识。

如果用户选择图 7-13 所示红框中的 MFE-AC1HMI2001010 设备，单击该设备，在右侧的图形窗口中该设备会高亮显示。

图 7-11 "列配置"对话框

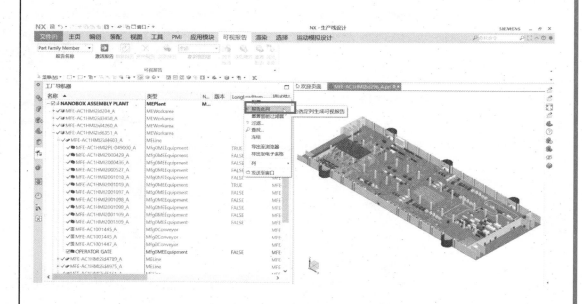

图 7-12 从长周期设备列生成报告

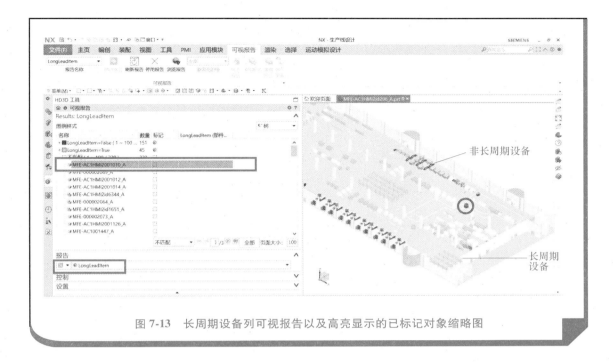

图 7-13   长周期设备列可视报告以及高亮显示的已标记对象缩略图

7.5 可视报告视图样式

在可视报告工具中，视图样式称为图例样式。可使用平铺列表和树状列表两种样式，如图 7-14 所示。

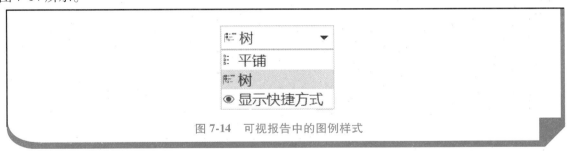

图 7-14   可视报告中的图例样式

1）"平铺"样式列表：以平铺样式显示结果，其中包含结果缩略图及汇总，如图 7-15 所示。

2）"树"样式列表：以列显示结果。用户可以按名称、类别、部件名、检查包名称或结果状态对结果进行排序，如图 7-16 所示。

在图 7-13 中，如果用户选择 MFE-AC1HMI2001010 设备，双击该设备，可以打开该设备的相关信息报告，即可视报告信息视图，如图 7-17 所示。信息视图是指在独立窗口中一次显示关于一个结果或一段信息的详情。

首次激活 HD3D 工具时，视图样式会显示在工具的对话框中。双击某个标记或列表项后，或者右击，在弹出的快捷菜单中选择"显示信息视图"命令后，有一个信息视图窗口显示该标记或列表项的信息。用户可以单击"更多详细信息"按钮，查看完整的测试描述。

图 7-15　"平铺"样式列表　　　　　　　　　图 7-16　"树"样式列表

图 7-17　可视报告信息视图

7.6　编辑组件的属性

　　在工厂导航器中选择某个资源，右击在弹出的快捷菜单中选择"属性"命令，如图 7-18 所示，打开"组件属性"对话框。组件属性的显示方式可以有行显示（图 7-19）和列显示（图 7-20）两种类型，用户可以根据个人喜好进行选择。

　　这里用户设置该设备的原产地是中国。把"中国 China"这个属性输入"原产地"属性中，单击"应用"或"确定"按钮，属性将被记录到该资源的属性中。如果设备缺少某个属性，则用户可以在"组件属性"对话框中，单击"新建"按钮，在弹出的"新建属性"对话框中创建新属性，如图 7-21 所示；单击"应用"按钮，激活该属性。返回"组件属性"对话框，输入相应的参数。例如，在前面创建的原产地属性中，输入该属性对应的参数"中国 China"，如图 7-22 所示。

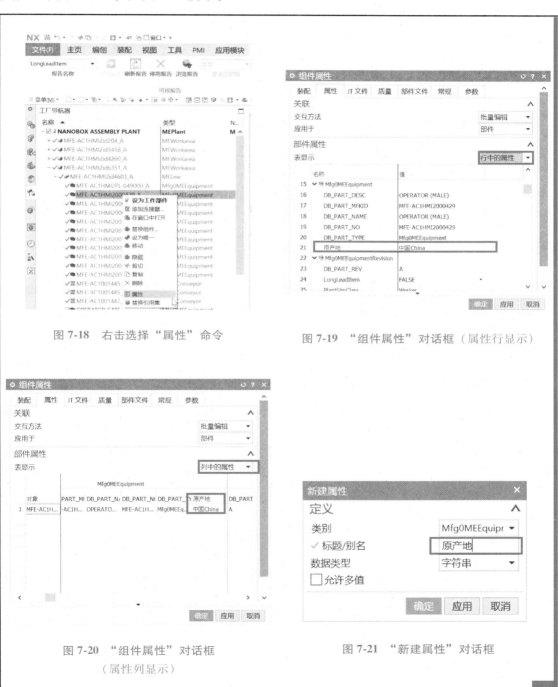

图 7-18 右击选择"属性"命令

图 7-19 "组件属性"对话框（属性行显示）

图 7-20 "组件属性"对话框
（属性列显示）

图 7-21 "新建属性"对话框

图 7-22　输入原产地参数

7.7　HD3D 可视报告模板

在 HD3D 工具导航器中，系统自带了多种可视报告模板可供用户选择，如图 7-23 所示。

图 7-23　HD3D 可视报告模板

操作练习：

1. 根据本节的学习内容，生成示例工厂设备不同属性的报告。
2. 自己动手给示例工厂设备添加新的属性和参数，并生成可视报告。

第8章

真实着色技术与文件的导出

8.1 真实着色技术

真实着色技术（True Shading）可以帮助用户评估场景灯光、阴影、反射等因素对工厂布局规划的影响。真实着色技术的可视化效果可以帮助用户在真实渲染中详细地对工厂布局进行呈现、评估、截图以及制作视频等，有三种模式可供用户使用：

1）真实着色模式 True Shading 。

2）高级艺术外观模式 Advanced Studio 。

3）光线追踪艺术外观模式 Ray Traced Studio 。

单击"视图"选项卡上的"真实着色"按钮 ，激活真实着色模式，如图 8-1 所示。

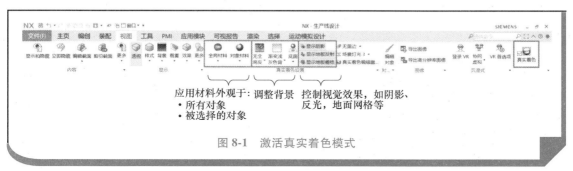

图 8-1 激活真实着色模式

1）"场景灯光"列表框：定义光线状态，包括光源数量和方向等，如图 8-2 所示。

2）"无面边"列表框：定义了面、边是否需要特殊高亮显示，如图 8-3 所示。

操作练习：

在教学资源包中打开示例工厂文件夹中"MFE-AC1HMl2id296_A. prt"模型，查看各种真实着色技术对工厂布局显示效果的影响。图 8-4 所示为示例工厂的真实着色模式，图 8-5 所示为示例工厂的光线追踪艺术外观模式。

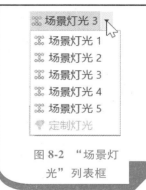

图 8-2 "场景灯光"列表框

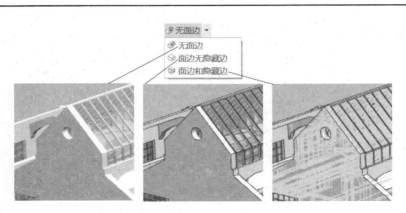

图 8-3 "无面边"列表框及显示效果

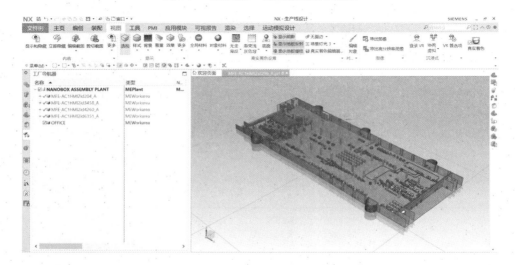

图 8-4 示例工厂的真实着色模式

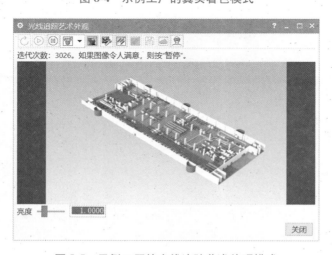

图 8-5 示例工厂的光线追踪艺术外观模式

8.2 输出图像

生产线设计（Line Designer）软件提供把当前图形窗口的截图以图像形式进行输出的功能。输出的图像格式可以是 PNG、JPEG、GIF、TIFF 等格式。

单击"视图"选项卡上"图像"组中的"导出图像"按钮![导出图像]，如图 8-6 所示，打开"导出图像"对话框，设置导出图像的格式、存储位置、背景色等信息，单击"确定"按钮，完成图像的导出操作，图像的导出设置如图 8-7 所示。

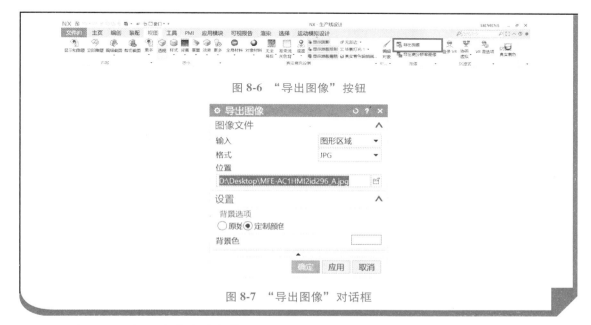

图 8-6 "导出图像"按钮

图 8-7 "导出图像"对话框

以示例工厂为例，在真实着色模式下导出图形窗口中的图像，结果如图 8-8 所示。

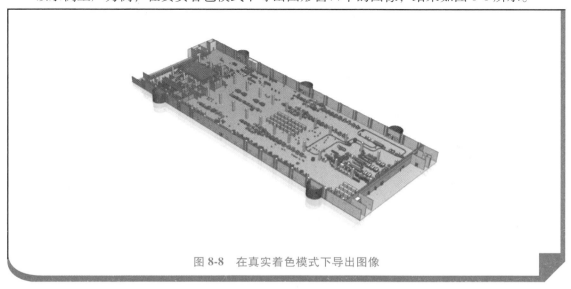

图 8-8 在真实着色模式下导出图像

8.3 输出视频

生产线设计（Line Designer）软件提供制作视频的工具，能够帮助用户方便快捷地输出视频文件。用户可以单击"工具"选项卡上"电影"组中的"录制"按钮，如图8-9，也可以选择"工具"→"电影"→"录制"命令，如图8-10所示。

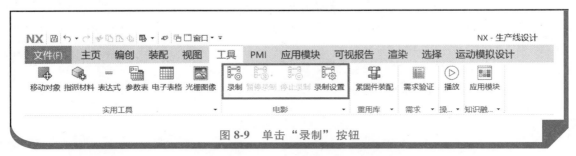

图8-9　单击"录制"按钮

单击"设置"命令，打开"电影设置"对话框，如图8-11所示。在此可以设置输出视频的捕捉区域、平稳度等。

在"电影设置"对话框的"录制"选项区域的"捕捉区域"列表框中有以下三个选项：

1）"图形"选项：输出图形窗口。

2）"NX窗口"选项：输出整个NX软件窗口。

3）"桌面"选项：输出整个桌面。

"电影设置"对话框的"压缩"列表框中的选项如图8-12所示，用户可根据需要进行选择。

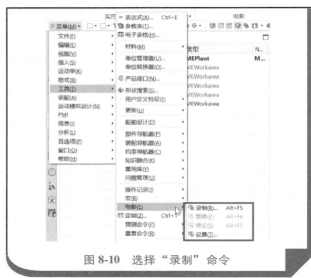

图8-10　选择"录制"命令

图8-11　设置输出视频的捕捉区域

图8-12　设置输出视频的压缩类型

用户在录制视频的过程中可以使用以下快捷方式控制录制的进程：

1）<Alt+F5>组合键：开始录制（Record）。

2）<Alt+F6>组合键：暂停录制（Pause Recording）。

3）<Alt+F7>组合键：停止录制（Stop Recording）。

8.4　JT 文件的导出

JT 是西门子股份公司 PLMSofware 生命周期管理软件开发的轻型 3D 模型文件格式，是一种开放、高效、紧凑、持久的产品数据格式，用于产品可视化、协作和 CAD 数据共享。JT 文件格式包括多方面的数据，以及对曲面边的精准表示，产品和制造业的相关信息等，它已被定为 ISO 标准（ISO 14306—2017），能在 PLM 整个全生命周期中使用。

用户可以选择"文件"→"导出"→"JT"命令导出 JT 文件，如图 8-13 所示。

打开"导出 JT"对话框，如图 8-14 所示，在该对话框内，用户可以对导出的文件进行设置。

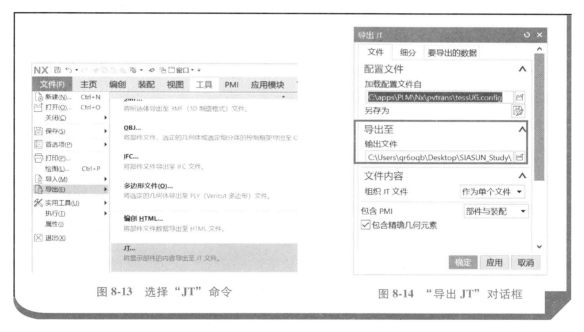

图 8-13　选择"JT"命令　　　　图 8-14　"导出 JT"对话框

1）"导出 JT"对话框的"文件内容"选项区域中的"组织 JT 文件"列表框用来设置导出 JT 文件的格式，如图 8-15 所示。常用的 JT 文件格式有两种：作为部件的装配和文件夹（As Assembly and Folder）和作为单个文件（As Single File）。

2）在"包含PMI"列表框中可以设置导出的 JT 文件是否包含 PMI 信息，如图 8-16所示。

其中"部件与装配"（Include Precise Geometry）选项是指包括贴图材质等附加信息。

在"导出 JT"对话框中选择"要导出的数据"（Data to Export）选项卡，在"包含对象"（Include Objects）选项区域中选中"线框"（Wireframe）复选框，可以导出草图和其他二维的几何体，如图 8-17 所示。

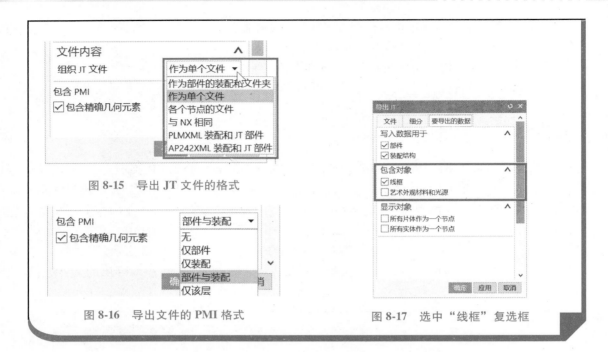

图 8-15　导出 JT 文件的格式

图 8-16　导出文件的 PMI 格式

图 8-17　选中"线框"复选框

第9章

综 合 练 习

1. 按照参数化建模的方法，定义螺栓序列（图 9-1），制作螺栓数模。

	A	B	C	D	E	F	G	H	I	J	K	L	M
1	DB_PART_NO	OS_PART_NAME	d	P	K	C	r	s	L	b	d2		
2	M10	M10	10	1,5	6,4	0,15	0,4	17	30,5	26	8,16		
3	M12	M12	12	1,5	7,5	0,15	0,6	19	35,3	30	9,853		
4	M14	M14	14	2	8,8	0,15	0,6	22	40	34	11,546		
5	M16	M16	16	2	10	0,2	0,6	24	44	38	13,546		
6	M18	M18	18	2,5	11,5	0,2	0,6	27	49,5	42	14,933		
7	M20	M20	20	2,5	12,5	0,2	0,8	30	53,5	46	16,933		
8	M22	M22	22	2,5	14	0,2	0,8	32	57,5	50	18,933		
9	M24	M24	24	3	15	0,2	0,8	36	63	54	20,319		
10	M27	M27	27	3	16,5	0,2	1	41	69	60	23,319		
11	M30	M30	30	3,5	18,7	0,2	1	46	76,5	66	25,705		
12	M36	M36	36	4	22,5	0,2	1	55	84	72	31,093		

图 9-1 螺栓序列

2. 定义螺钉的引用集，注意添加螺栓的二维图（2D_PALN_VIWER）引用集，练习引用集的使用。

3. 把该序列螺栓放入重用库。

4. 按照图 9-2 所示新建带结构的工厂资源。

5. 在工位 1 和工位 2 下面插入机运线、机器人等。练习使用移动、复制、阵列、干涉分析命令。

6. 在工位中放入之前创建的螺栓，给螺栓添加连接器，练习连接器相关的功能。

7. 更改资源所在的图层，练习图层相关的操作。

8. 在工位 3 下面插入钢结构，熟练使用重用库内容以及参数化建模。

9. 制作工厂平面图，练习制图相关的操作。

10. 给工厂中的资源添加不同的属性，制作 HD3D 可视报告。

11. 使用真实着色技术查看工厂模型。

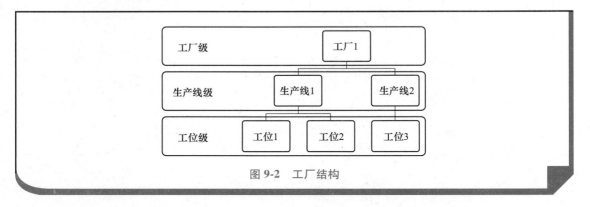

图 9-2　工厂结构

第10章

工厂物流仿真简介

10.1 什么是物流仿真

如何在工厂规划阶段准确地判断出产能配置是否满足既定的规划需求？新规划的生产线布局及仓储系统设计是否合理？现有生产线如何优化配送方式可以使得物料配送效率最高？工厂下个月的生产计划能否按时完成？如有紧急订单，应该如何调整生产？这些在制造企业中常遇到的问题，可借助工厂物流仿真技术快速得到解决。

解决以上问题，需要以物流配送系统、生产线、车间等这些复杂系统为研究对象。这类系统一般包含多种约束，受多种因素的影响，应用传统的运筹学方法很难对其建立模型并进行有效求解。而物流仿真技术在解决这些问题时有其独特的优势，因此应用系统仿真的方法解决物流系统优化问题，成了目前广泛应用的方法。

10.1.1 物流仿真的定义

在实际生产过程中，产品生产周期中大部分时间都用于储存、装卸、搬运等流转过程，这些物流活动影响了整个生产过程。因此，生产物流系统的重构是企业生产系统重构的关键。物流仿真软件的仿真过程是建立物流系统模型并通过模型在计算机上的运行来对模型进行检验和修正，使模型不断趋于完善的过程。物流仿真软件主要应用于企业内部生产物流仿真，企业仓储、运输和配送流程仿真，以及教育领域物流专业仿真研究学习等。

目前主流的物流仿真软件包括 Plant Simulation、Flexsim、Demo 3D、Component 3D 等。西门子股份公司的 Plant Simulation 是一款优秀的物流仿真软件，可以对各种规模的工厂和生产线进行建模、仿真和优化生产系统，分析和优化生产布局、资源利用率、产能和效率、物流和供需链等。下面主要围绕 Plant Simulation 软件详细讲解仿真建模的过程及方法。

10.1.2 物流仿真的典型应用

应用物流仿真软件，可以帮助用户建立复杂的生产线系统模型，在模型中快速进行实验，针对仿真结果在模型中进行调整，找到最优或较优的方案，最终将通过仿真验证的结果用于实际情况。物流仿真技术最大的优点就是不需要实际设备的安装，不管实际物流系统是否存在，均可通过建立系统研究模型，将实物数据输入仿真系统，通过数据运算和图形模拟，输出贴近实际物流系统的信息。仿真实验具有良好的可控性、无破坏性和可重复性。仿真过程经济安全，不受气象条件和场地环境的限制。仿真的实时性，使实时系统的仿真应用成为可能，为仿真应用奠定了良好的基础。

在新生产线规划阶段，利用物流仿真技术可以对工厂的生产线布局、设备配置、工艺路径、物流等进行预规划，并在仿真模型"预演"的基础之上，进行分析、评估、验证，及早发现规划中的缺陷和错误，并进行调整与优化，减少后续生产执行环节对于实体系统的更改与返工次数。同时基于仿真模型，可以加快项目规划进度，一方面有效减少人员和时间的浪费，另一方面可以尽量缩短新工厂从规划到投产的时间。

在生产线日常运行中，通过仿真也可以实现生产管理决策的验证与优化。计划的制订及评估是很多企业生产的关键内容。应用仿真软件在计算机系统中建立与实际生产过程相对应的模拟环境，将实际编制的生产计划导入系统，在仿真环境中进行模拟运行；从运行结果中找出计划编排中存在的问题，从而对生产计划编排的合理性进行辅助校验并给出改进方向。

表 10-1 汇总了不同阶段物流仿真在工厂的主要应用场景。

表 10-1　物流仿真典型应用场景

应用阶段	主要应用场景
规划新生产线	验证和优化生产时间和产能
	确定生产线面积大小及设备和人力的需求
	研究设备失效对生产线的影响
	确定合适的控制策略
	评价不同生产线规划方案
优化现有生产线	优化控制策略
	优化排产顺序
	测试日常工艺流程
执行规划方案	提供一个模板来创建控制策略
	测试生产线不同暖机阶段
	培训不同生产线状态下的设备操作工

10.1.3　物流仿真的步骤

如何针对一个实际问题逐步开展仿真建模？建议用户按照如下的步骤实施。

1）确定仿真需求。

2）分析仿真系统。

3）采集数据。

4）创建模型。

5）验证模型。

6）进行仿真实验和仿真分析。

7）评估仿真结果。

8）确定优化方案。

首先通过现场调研等方式，对需要进行仿真分析的系统进行详细的调查和了解，包括系统结构、系统流程、系统相关参数等内容。以生产线为例，就是详细了解生产线的结构、主要工艺流程、关键生产参数及物流配送参数等。

对以上步骤进行总结并绘制成流程图，如图 10-1 所示。

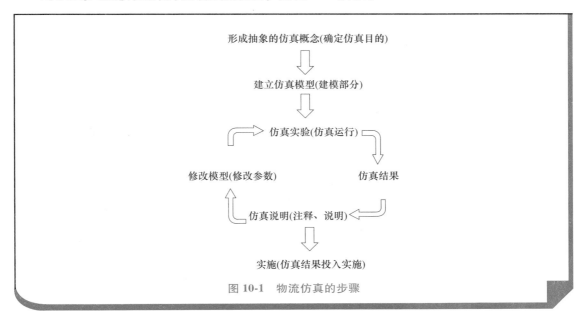

图 10-1　物流仿真的步骤

10.2　Plant Simulation 软件介绍

Plant Simulation，原名 emPlant，又称为 SIMPLE++，是用 C++语言开发的关于生产、物流和工程的仿真软件（图 10-2），原属于以色列 Tecnomatix 公司 eMPowerTM 软件工具的物流仿真解决方案。目前是西门子工业软件数字化企业解决方案数字化制造中的一个环节。Plant Simulation 软件是面向对象、图形化、集成的建模和仿真工具，其系统结构和实施都满足面向对象的要求。

10.2.1　软件技术特点

1. 支持 2D 概念工厂建模与 3D 工厂建模

Plant Simulation 软件可以支持 2D 及 3D 两种建模方式。在 2D 模式下可以应用拖拽的方式快速搭建 2D 概念工厂。此建模方法主要应用于工厂概念设计阶段，无须设备的 3D 模型，只需相关生产能力参数即可快速开始建模及仿真，协助确定工厂规划时需要的主要运行参数。

在进入工厂设计阶段的后期，工厂主要设施和设备有了明确的 3D 模型。用户可以通过软件内部的实时关联机制，将 2D 仿真模型直接生成对应的 3D 仿真模型。用户也可以通过标准的数据接口，加载 3D 数据。软件支持同步的 2D/3D 仿真显示和分析，工厂的 3D 效果便于成果展示，而仿真数据仍来自于 2D 概念工厂。

2. 支持层次化建模和面向对象的建模

利用层装结构，用户可以建立不同精细程度的仿真分析模型。层次化建模使得复杂和庞大的模型（物流中心、装配工厂、机场等）变得井井有条。应用层次化建模的方法（图 10-3），可以逼真地表现一个完整的工厂，模型层次可以急剧扩大和收缩，从高层管理人员到规划工程师和车间操作者，都能更好地理解仿真模型。

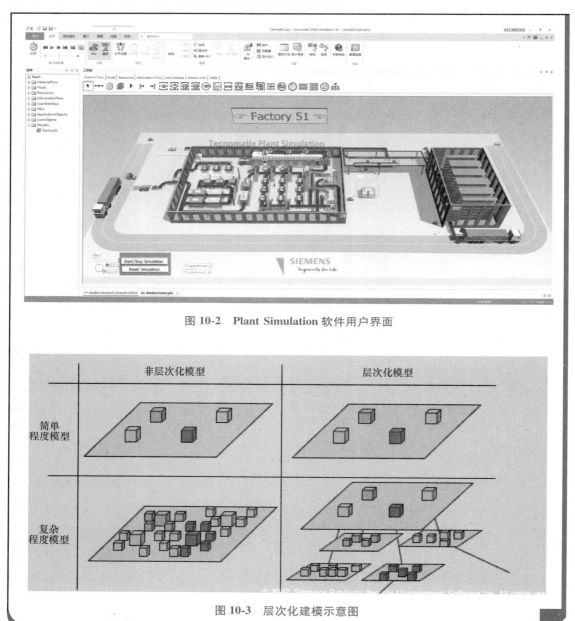

图 10-2　Plant Simulation 软件用户界面

图 10-3　层次化建模示意图

　　对于建模人员而言，层次化建模支持自上而下或自下而上的建模方法。不同工作组成员分别建立不同的下级模型，在建立总体模型时，系统直接调用通过继承性的建模思路，生产系统中的很多类似的子系统可以快速被引用和重用，从而极大地提高了建模的效率。

3. 集成的分析工具

Plant Simulation 软件提供很多专业的分析工具，无须用户二次开发，在统一的软件用户界面下即可实现专业的分析，可以多种数据表现形式描述工厂性能。常用的分析工具有生产线瓶颈分析、物流密度和方向分析、甘特图分析等，如图 10-4 所示。

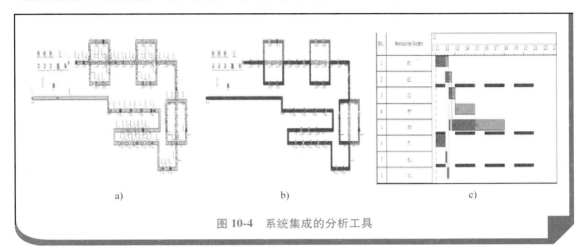

图 10-4　系统集成的分析工具

1）瓶颈分析：显示资源的利用情况，从而说明瓶颈及未被充分利用的机器（图 10-4a）。

2）物流密度和方向分析：将物流密度可视化，直观地显示当前配置下的传输量及传输方向（图 10-4b）。

3）甘特图分析：显示生产计划并对其进行交互式改动（图 10-4c）。

4. 开放的系统架构与第三方系统集成

Plant Simulation 软件具有开放的系统架构，可以方便快捷地与公司现有数据实现集成，包括远程控制数据的实时交换，导入数据和图样，在线数据库连接，如图 10-5 所示。

Plant Simulation 软件方便客户在工厂仿真和其他应用系统之间进行通信和数据交换，以及工厂仿真与客户应用系统的联合仿真，例如工厂仿真与 PLC 联合仿真。同时 Plant Simulation 软件可以方便地建立用户化的专家系统，例如高空立体仓库调度专家系统，配送中心调度专家系统，ERP 等。

5. 系统仿真和优化能力

Plant Simulation 软件中集成了以下多种系统优化工具：

1）试验管理（Experiment Design）。

2）遗传算法（Genetic Algorithm）。

3）特征值（Factor Analysis）。

4）神经网络（Neural Network）。

6. 用户化定制的能力

1）集成了 SimTalk 语言。

2）对话框的用户化定制。

3）根据用户输入的参数自动创建仿真模型。

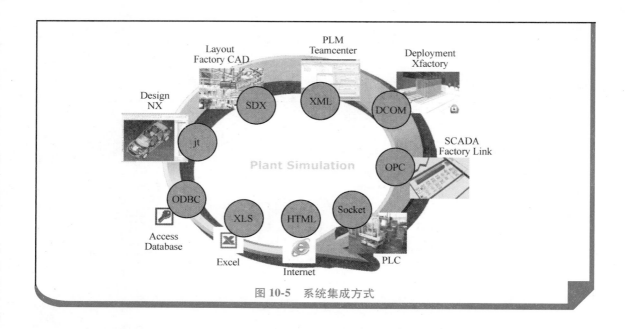

图 10-5　系统集成方式

10.2.2　软件版本及运行说明

本书基于西门子工业软件 Plant Simulation v15.0.1 Standalone 版本进行讲解。用户使用 15.0 及以上版本软可参考本书内容进行学习。

课后练习：

1. 通过互联网等方式，补充学习物流仿真的概念以及典型应用场景，加深对物流仿真的理解。

2. 了解国内目前职业竞赛中包含的物流仿真方面的项目。

第11章

认识 Plant Simulation 软件界面

11.1 Plant Simulation 软件初始界面

安装好 Plant Simulation 软件以后，用户可以采用如下方式来启动 Plant Simulation 软件：

1）双击桌面上 Plant Simulation 软件的快捷方式图标 。

2）选择"开始"→"Tecnomatix"→"Plant Simulation 15"命令。

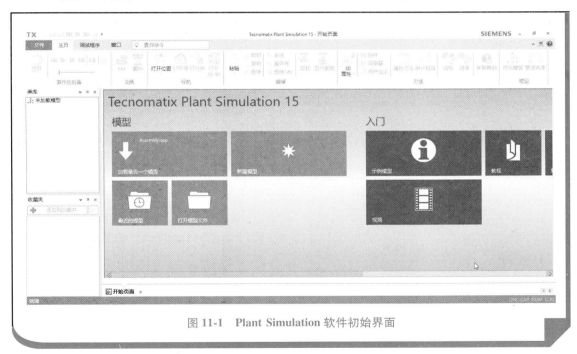

图 11-1　Plant Simulation 软件初始界面

启动 Plant Simulation 软件后，进入其初始界面，如图 11-1 所示。在初始界面正中央共有"模型""入门""Web"三个模块。其中"模型"模块主要是打开现有模型和创建新的模型。"入门"模块中有软件自带的示例模型，建模过程视频以及帮助文件，通过这些示例，可以帮助初学者快速学习建模方法。"Web"模块中有软件的技术交流论坛。

11.1.1 "模型"模块

"模型"模块中包含"加载最后一个模型""新建模型""最近的模型""打开模型文件"按钮。

1）单击"加载最后一个模型"按钮，可以加载最近一次打开的模型。

2）单击"新建模型"按钮，会弹出一个对话框，如图 11-2 所示，用户可选择创建 2D 或 3D 模型。根据建模需要，选择模型类型后，用户即可进入建模界面。

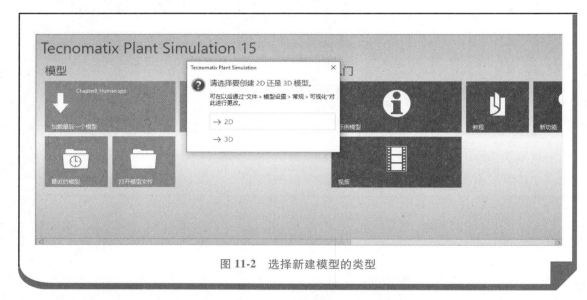

图 11-2　选择新建模型的类型

3）单击"最近的模型"按钮，用户可以看到最近打开过的模型列表（图 11-3），单击列表中的模型名称即可打开各个模型。

最近的模型		
Chapter5_Frame.spp	2020/5/22 9:07	3.45 MB
Chapter5_datatable.spp	2020/5/25 10:10	3.46 MB
PickAandPlace.spp	2020/5/22 17:28	3.43 MB
Assembly.spp	2020/5/22 17:25	3.43 MB
FlowModel.spp	2020/5/21 22:24	3.44 MB
SimpleModel.spp	2020/5/21 20:10	3.43 MB
Chapeter3_Source.spp	2020/5/22 0:18	477 KB
tutorial3.spp	2019/1/22 0:50	453 KB
tutorial1_DEU.spp	2019/1/22 0:50	449 KB
tutorial1.spp	2019/1/22 0:50	431 KB
Factory51.spp	2019/2/15 0:50	12.80 MB

图 11-3　最近打开过的模型列表

4）单击"打开模型"按钮，通过选择模型保存路径打开模型，路径配置好后，单击"打开"按钮，即可将模型载入系统。

11.1.2 "入门" 模块

"入门" 模块中包含了 "示例模型" "教程" "新功能" "视频" 按钮。

1）单击 "示例模型" 按钮，打开 "示例模型" 对话框，如图 11-4 所示，其中包含一系列软件自带的参考模型，用户在建模过程遇到相似问题可以将其作为参考。

图 11-4 "示例模型" 对话框

2）单击 "视频" 按钮，打开 "视频" 对话框，如图 11-5 所示，其中包含各种建模方法演示视频，用户单击视频名称可以逐个观看，用于了解和学习模型的创建过程。

图 11-5 "视频" 对话框

11.1.3 "Web"模块

"Web"模块中有三个网页链接，包括仿真论坛、软件新功能和官方主页。其中"Tec-nomatix Community"是仿真社区（Plant Simulation Forum），如图11-6所示。用户可以进入社区，与国内外从事物流仿真的技术人员讨论具体技术细节，查找自己感兴趣的技术资源，也可以提出问题。

图11-6　仿真社区 Plant Simulation Forum

11.2　软件工作界面

单击"新建模型"按钮，进入软件主工作界面，如图11-7所示。用户可根据自己的操作习惯，在功能区的"窗口"选项卡上"可停靠窗口"和"视图"组中调整各个栏目的布局等。

在2D与3D两种建模模式下，功能区中各命令构成不同，2D模式和3D模式特有的命令按钮将在后文进行详细说明。本章主要介绍建模常用的命令。

11.2.1　"文件"选项卡

在"文件"选项卡中主要进行新建、保存、打开模型等操作。需要注意的是"首选项"命令，单击"首选项"按钮，打开"首选项"对话框，如图11-8所示，用户可在"常规"和"单位"选项卡调整日期和时间格式、单位等。本书中涉及的实例在"首选项"对话框中保持系统默认值即可，无须做调整。

11.2.2　"主页"选项卡

在"主页"选项卡中，包含"事件控制器""动画""导航""编辑""对象""模型"组，如图11-9所示。

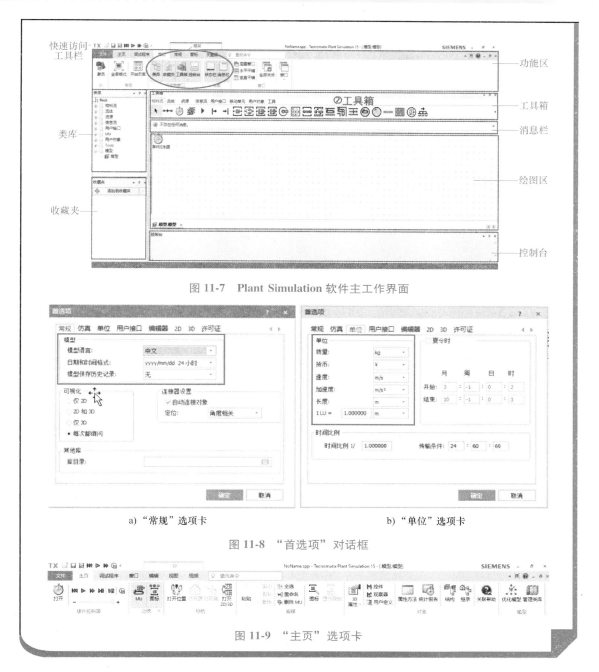

图 11-7 Plant Simulation 软件主工作界面

a) "常规"选项卡　　　　　　　　b) "单位"选项卡

图 11-8 "首选项"对话框

图 11-9 "主页"选项卡

1. "事件控制器"（Event Controller）**组**

在"事件控制器"组中，用户可进行模型仿真运行的相关设置，包括模型重置、开始/暂停、快进仿真、单步仿真和实时仿真等操作，如图 11-10 所示。

1）"模型重置"按钮 ：每次模型运行前需要将模型进行重置，将各变量恢复为初始值。

2）"运行/暂停"按钮 ：启动及暂停模型仿真运行。

3）"快进仿真"按钮 ▶▶：关闭动画显示运行模型，加快仿真速度。

4）"单步仿真"按钮 ▶▌：按事件逐步执行仿真。

5）"实时仿真"按钮 ▶▓：打开或关闭实时模式，实时仿真状态下，仿真时间与现实时间频率一致。

6）"仿真速度"按钮 🎧：调整仿真速度。

图 11-10 "事件控制器"组

2. "动画"（Animation）组

"动画"组中包含"MU"和"图标"按钮，如图 11-11 所示。

1）"MU"按钮 🏭：激活或关闭 MU（移动单元）的动画。选择关闭 MU，模型运行时不显示 MU 几何信息。

2）"图标"按钮 🖳：激活或关闭对象按钮的动画。激活且对象处于活动状态时，对象会显示出它们所处的状态，即按钮顶部出现彩色点，便于检测哪个对象阻碍了材料的流动，如图 11-12 所示。

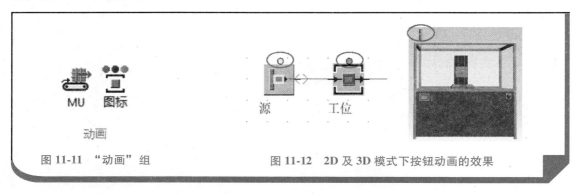

图 11-11 "动画"组　　　　图 11-12　2D 及 3D 模式下按钮动画的效果

3. "导航"（Navigate）组

"导航"组中包含"打开位置""打开源""打开类""打开 2D/3D"按钮，如图 11-13 所示。

1）"打开位置"按钮 👣：打开此框架所在的框架，如果此框架是一个类，则在类库中显示它。

图 11-13 "导航"组

2）"打开源"按钮 🏠：打开所选对象的派生源对象，如果未选定任何对象，则改为打开此框架的派生源框架，按<Shift>键可显示源的位置。

3）"打开类"按钮 🏠：打开所选对象的类，如果未选定任何对象，则打开框架的类，按<Shift>键可显示类的位置。

4）"打开 2D/3D"按钮 🔄2D/3D：在 2D 和 3D 建模环境之间进行切换。

4. "编辑"（Edit）组

"编辑"组中包含"粘贴""链""重命名""删除""图标""显示面板"等按钮，如图 11-14 所示。

1）"粘贴""剪切""复制""删除"按钮：粘贴、剪切、复制、删除选中的对象。

2）"全选"按钮：选择一个框架中的所有对象。

图 11-14　"编辑"组

3）"重命名"按钮：重命名选中的对象，如果未选定任何对象，则重命名框架。

4）"删除"按钮：删除该框架和子框架中的所有 MU。

5）"图标"按钮：编辑选中对象的按钮，如果未选定任何对象，则编辑框架的按钮。

6）"显示面板"按钮：编辑选中对象的显示面板，如果未选定任何对象，则编辑框架的显示面板。

5. "对象"（Objects）组

"对象"组中包含"3D 属性""控件""观察器""用户定义""属性方法""统计报告"等按钮，如图 11-15 所示。

图 11-15　"对象"组

1）"3D 属性"按钮：打开已打开或选定对象的 3D 属性对话框，或选择是否在 3D 中创建对象。

2）"控件"按钮：打开选定对象的控件对话框（可用于对对象添加失败控件），如果未选定任何对象，则打开当前激活状态的框架的控件对话框。

3）"观察器"按钮：打开对话框以设置所选对象的属性观察器控件，如果未选定任何对象，则打开当前激活状态的框架的该对话框。

4）"用户定义"按钮：打开所选对象的自定义属性对话框，如果未选定任何对象，则打开当前激活状态的框架的该对话框。

5）"属性方法"按钮：打开所选对象的属性和方法对话框，如果未选定任何对象，则打开当前激活状态的框架的属性和方法对话框。

6）"统计报告"按钮：显示所选对象的统计数据。

7）"结构"按钮：显示所选对象包含的对象，如果未选定任何对象，则显示框架包含的对象。

8）"继承"按钮：显示继承于所选对象的对象，如果未选定任何对象，则显示继承于框架的对象。

9）"关联帮助"按钮：在帮助文件中关联到所选对象的相关内容。

6. "模型"（Model）组

"模型"组中包含"优化模型""管理类库"按钮，如图 11-16 所示。

1）"优化模型"按钮 ：对模型自动进行优化。

2）"管理类库"按钮 ：添加或删除工具箱中的对象工具。在对话框（图 11-17）中选中所需对象工具复选框，单击"应用"按钮，再单击"确定"按钮，即可把对象添加到工具箱中。

图 11-16　"模型"组

图 11-17　"管理类库"对话框

11.2.3　"窗口"选项卡

"窗口"选项卡如图 11-18 所示。其中各命令按钮含义如下：

图 11-18　"窗口"选框卡

1）"激活"按钮：激活或关闭 3D 查看器。

2）"全屏模式"按钮![全屏模式]：将建模环境切换到全屏模式。

3）"开始页面"按钮![开始页面]：单击该按钮后会弹出 Plant Simulation 软件的初始界面。

4）"类库"按钮![类库]：激活或停用类库栏。

5）"收藏夹"按钮![收藏夹]：激活或停用"收藏夹"对话框，在对话框中单击"添加到收藏夹"按钮，系统会将当前框架添加到收藏夹中。

6）"工具箱"按钮![工具箱]：激活或停用"工具箱"对话框。

7）"控制台"按钮![控制台]：显示或隐藏"控制台"对话框。控制台显示有关操作的信息，软件将执行这些操作。

8）"状态栏"按钮![状态栏]：显示或隐藏状态栏。

9）"消息栏"按钮![消息栏]：显示或隐藏消息栏。

11.2.4 "框架"菜单栏

在功能区中，"常规""图标""矢量图"是 2D 建模模式下特有的选项卡，也称为"框架"下的选项卡，如图 11-19 所示。

图 11-19 2D 建模模式下特有的选项卡

1. "常规"选项卡

"常规"选项卡如图 11-20 所示。其中各命令按钮功能如下：

图 11-20 "常规"选项卡

1）"查找对象"按钮![查找对象]：单击该按钮，弹出"查找对象"对话框，如图 11-21 所示。在对话框中输入需要查找对象的名称、属性等方面的关键词，单击"查找"按钮，下面即可显示出查询列表。右击列表中的对象，在弹出的快捷菜单中选择"打开"命令，可以打开该对象的属性标签；选择"显示"命令，该对象会闪烁几下，以便用户能更快找到它的位置。

2）"未连接对象"按钮 ：单击该按钮，可显示模型中没有与其他对象建立连接的对象。

3）"缩放"组：该组中的几个命令按钮，都可对框架的内容进行缩放，用户也可以按下<Ctrl>键的同时滚动鼠标中键对框架的内容进行缩放。

4）"背景"按钮 ：设置框架的背景颜色。

5）"锁定结构"按钮 ：将当前框架结构进行锁定、无法修改。

6）"视图选项"组：用于显示或隐藏名称、连接、注释和栅格等。单击该模块中的"更多"按钮（图11-22），在列表框中可进行显示面板、前趋对象和后续对象等操作。

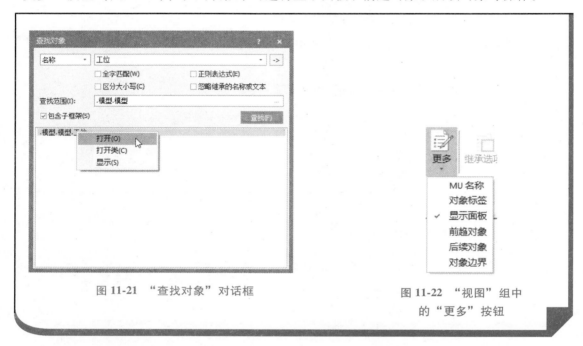

图11-21　"查找对象"对话框

图11-22　"视图"组中
的"更多"按钮

2. "图标"选项卡

选中某个对象的按钮后，使用"图标"选项卡中的命令按钮（图11-23）可以对按钮的方向、位置、大小等进行调整，操作比较简单，这里不详细展开。

图11-23　"图标"选项卡

3. "矢量图"选项卡

应用"矢量图"选项卡中的各命令按钮（图11-24），可以在模型中画出需要的图形。

在"插入"组中单击想要的形状按钮后，在绘图区中单击拖出需要的形状。单击"图形设置"按钮可对图形的颜色等进行定义。

图 11-24　"矢量图"选项卡

4. 右键菜单

在主工作界面空白区域右击，可弹出功能菜单，如图 11-25 所示，用户可根据需要选择相关命令。

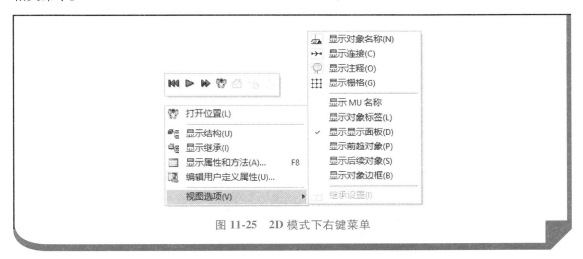

图 11-25　2D 模式下右键菜单

11. 2. 5　"3D"菜单栏

在功能区中，"编辑""视图""视频"是 3D 建模模式下特有的选项卡，如图 11-26 所示。下面主要介绍选项卡中常用的功能。

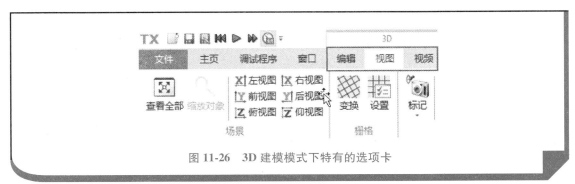

图 11-26　3D 建模模式下特有的选项卡

1. "编辑"菜单栏

"编辑"选项卡如图 11-27 所示。

图 11-27 "编辑"选项卡

"编辑"选项卡的"插入形状"组中定义好的形状和模型都可以直接插入模型框架中，例如立方体、楼梯和工厂墙壁等，方便用户快速搭建工厂厂房布局，如图 11-28 所示。

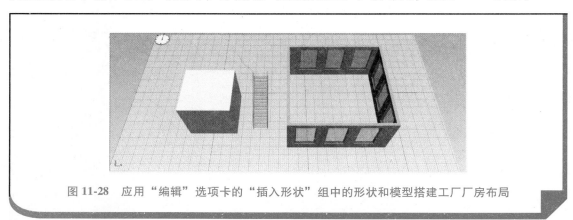

图 11-28 应用"编辑"选项卡的"插入形状"组中的形状和模型搭建工厂厂房布局

2. "视图"菜单栏

"视图"选项卡如图 11-29 所示。

图 11-29 "视图"选项卡

在"场景"组中，单击"查看全部"按钮，系统会切换成能查看框架中全部对象的窗口。单击"左视图"按钮，系统会使框架窗口切换为左视图窗口，其他类似。

在"栅格"组中，用户可以更改栅格的属性。单击"变换"按钮，在弹出的"栅格位置和方向"对话框（图 11-30）中可对栅格的原点和方向进行更改。"场景原点"设为默认原点，在绘图区选中对象，然后单击"对象原点"按钮，系统将以对象位置作为栅格的原点。单击"设置"按钮，在弹出的"栅格设置"对话框（图 11-31）中可对栅格的基座板和轴的颜色进行更改，还可以对网格线进行编辑。

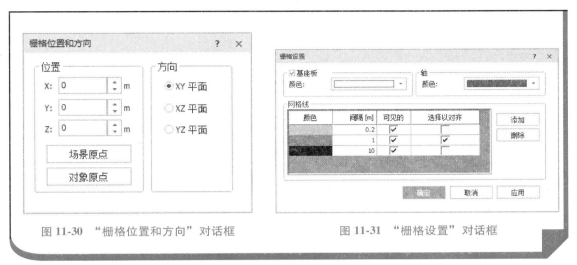

图 11-30 "栅格位置和方向"对话框　　　图 11-31 "栅格设置"对话框

在"选项"组中，单击"规划视图"按钮 ![规划视图]，系统将以规划视图模式显示 3D 窗口，类似于俯视图的效果。单击"名称"按钮 ![名称]，将显示或隐藏框架中所有对象的名称；单击"名称"按钮下方的小三角，可以显示或隐藏所有对象的标签。单击"连接"按钮 ![连接]，将显示或隐藏框架中所有连接器。单击"栅格"按钮 ![栅格]，将显示或隐藏栅格。单击"外部图形"按钮 ![外部图形]，将显示或隐藏外部图形组。单击"阴影"按钮 ![阴影]，将显示或隐藏场景中所有图形的阴影，如图 11-32 所示。

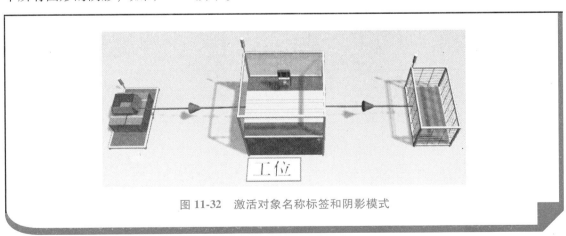

图 11-32 激活对象名称标签和阴影模式

在建模主界面中，右击某个对象，再单击"临时选项"组中的按钮，可以隐藏或取消隐藏选中的对象。

3. "视频"菜单栏

"视频"选项卡（图 11-33）主要用于模型仿真过程的录制，单击"录制"按钮 ![录制]，启动仿真；完成录制后，单击"完成"按钮 ![]，单击"暂停"按钮 ![]，可暂停当前的录制。单击"取消"按钮 ![]，可取消当前的录制。单击"播放"按钮 ![]，会播放之前录制好的视频。

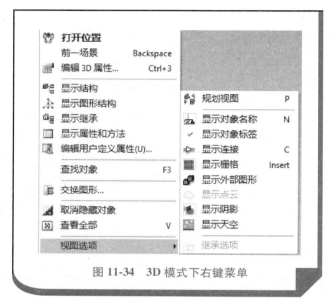

图 11-33 "视频"选项卡

4. 右键菜单

在建模主界面的空白处右击，可弹出功能菜单，如图 11-34 所示。可以看到，以上很多常用的命令按钮在右键菜单中也可以找到。

11.2.6 类库

软件界面左侧的类库文件夹中包含了所有的工具类，用于管理模型中的 MU 和框架，如图 11-35 所示。单击右键功能菜单中"新建"，如图 11-36 所示，用户在建模过程中可在其中新建文件夹和框架。按<Shift>键可将 MU 或框架等对象拖到新的文件夹中。选择类库中的对象，按<F2>键可修改其名称。选择 MU 或框架，右击，在弹出的对话框中可对 MU 或框架的属性进行编辑。

图 11-34 3D 模式下右键菜单

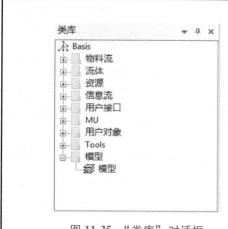

图 11-35 "类库"对话框

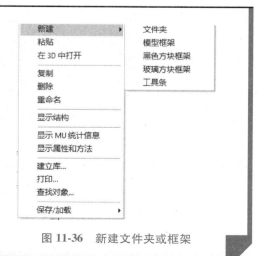

图 11-36 新建文件夹或框架

11.2.7 工具箱

工具箱中包含了管理类库中添加的所有工具。用户在建模时只需把工具箱中的工具拖到框架中即可完成添加。工具箱中包括"物料流"（Material Flow）、"资源"（Resource）、"信息流"（Information Flow）、"用户接口"（User Interface）、"移动单元"（MU）、"用户对象"（User Objects）"工具"（Tools）选项卡，如图 11-37 所示。在本书的后续章节（第 12～第 18 章）中，将结合具体实例对工具箱进行介绍。

图 11-37 工具箱

✏️ 课后练习：

1. 如何在 2D 及 3D 建模模式下"新建"对话框？
2. 练习在类库中新建文件夹和框架，并调整新建文件夹和框架在类库中的位置。
3. 如何加载"甘特图"分析工具？
4. 在"视频"选项卡中查看视频资料。
5. 熟悉软件主工作界面。

第12章

建立简单的仿真模型

为了便于讲解 2D 与 3D 两种建模方法，本章的建模操作将从 2D 建模模式进入，并通过 2D 与 3D 建模模式的转换按钮 切换到 3D 建模模式下。

12.1 物料流对象介绍

"物料流"选项卡中的命令按钮如图 12-1 所示。

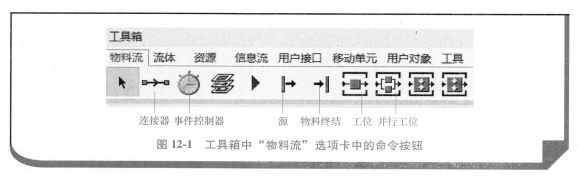

图 12-1 工具箱中"物料流"选项卡中的命令按钮

12.1.1 连接器（Connecter）

连接器用于建立同一框架中两个对象间的物料流连接，也可以建立一个对象和一个框架接口的物料流连接。仿真运行时，物料按连接器连接方向从一个对象流向下一个对象。

单击"连接器"按钮➡后，先在绘图区单击对象 A 再单击对象 B，即可完成从 A 到 B 的连接，如图 12-2a 所示。连接线可以是直线或折线。单击"连接器"按钮后，先单击对象 A，再在空白处单击即可创建一个转折点，用户可根据需要创建转折点，最后单击对象 B，即可用折线完成对象 A、B 之间的连接，如图 12-2b 所示。

12.1.2 事件控制器（Event Controller）

"事件控制器" 🕐是仿真模型运行的时钟，每个仿真模型都必须有一个事件控制器才可以进行仿真运算。

在新建的模型框架中自带事件控制器。双击框架中的"事件控制器"按钮🕐（图 12-3），在弹出的对话框中可以进行仿真时钟设置，如图 12-4 所示。

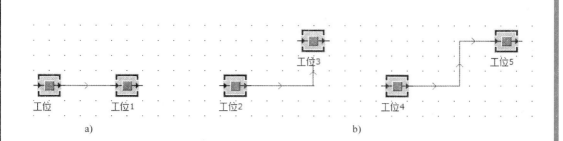

图 12-2 直线及折线连接

图 12-3 框架中的"事件控制器"按钮

a)"控件"选项卡   b)"设置"选项卡

图 12-4 ".模型.模型.事件控制器"对话框事件控制器设置窗口

12.1.3 源（Source）

"源"是模型中零件、容器、小车等 MU 的生成源头，通过设置源的属性等可以实现零件、容器等不同的产生方式，以仿真实际的供料方式。

单击"源"按钮 ，在当前框架中添加一个源对象，双击框架中的源对象，打开属性定义对话框，根据需求设置属性、故障等内容，并搭建需要的逻辑。本章主要熟悉 2D 建模模式下源的对话框，如图 12-5a 所示对话框。单击该对话框左下角的"3D"按钮 ，可以打开源在 3D 建模模式下的对话框，如图 12-5b 所示，可以看出在 3D 建模模式中主要进行显示方面的设置，在本书的后续章节中将会详细介绍，本章主要了解如何在两者之间进行切换即可。

a) 2D 建模模式   b) 3D 建模模式

图 12-5　框架及 3D 建模两种模式下源的对话框

在"属性"选项卡可以实现以下两种主要的零件产生方式。

1）按固定时间间隔产生零件。其设置见表 12-1。

表 12-1　"间隔可调"选项下的相关设置

选　　项	设　　置
操作模式	选中"堵塞"复选框后，上一个零件发出去，后一个零件才会生成
创建时间	选择"间隔可调"选项
数量	产生零件的数量上限，根据需要填写一个整数
间隔	定义产生 MU 的时间点，可以选择"常数""均匀分布""正态分布"等选项，用户可根据软件提示的格式，设置需要的参数
开始	定义第一个 MU 产生的时间，可以选择"常数""均匀分布""正态分布"等选项，用户可根据软件提示的格式，设置需要的参数
结束	定义最后一个 MU 产生的时间间隔，可以选择"常数""均匀分布""正态分布"等选项，用户可根据软件提示的格式，设置需要的参数

（续）

选　项	设　置
MU 选择	定义产生哪种类型的 MU，可以产生一种或多种 MU。只需产生一种 MU 时，选择"常数"选项，并且直接从类库中选择需要的 MU 对象并将其拖入"MU"文本框中，或者单击"MU"文本框右侧的按钮 ⋯，在弹出的菜单中选择"选择对象"命令，在弹出的"选择对象"对话框中的"对象"列表框中选择需要的 MU，如图 12-6 所示

以上操作是按固定时间间隔产生一种 MU（移动单元）。用户还可以配置产生多种 MU 的逻辑，需要用数据表（Data Table）来配合定义。

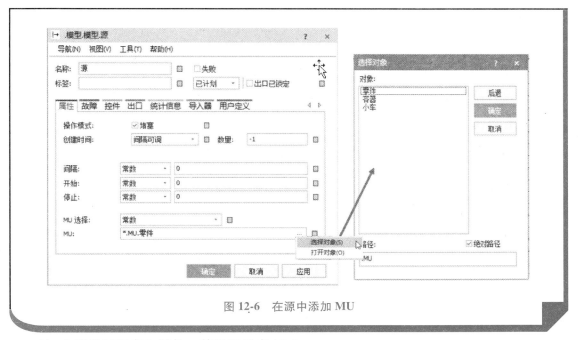

图 12-6　在源中添加 MU

2）在指定时间产生零件。其设置见表 12-2。

表 12-2　"数量可调"选项下的相关设置

选　项	设　置
创建时间	选择"数量可调"选项，如图 12-7 所示
数量	填写需要产生零件的数量
创建时间	定义开始产生 MU 的时间点，可以选择"常数""均匀分布""正态分布"等选项，用户根据软件提示的格式，设置需要的参数
MU 选择	与表 12-1 中的相关配置方式一致

图 12-8 所示为两种零件的创建方式的比较，可以帮助用户更好地理解逻辑关系的区别。

12.1.4　物料终结（Drain）

"物料终结" ⊩ 的作用是将模型中完成所有流程的 MU 回收，从模型中去除，类似于在工厂中将成品运走。

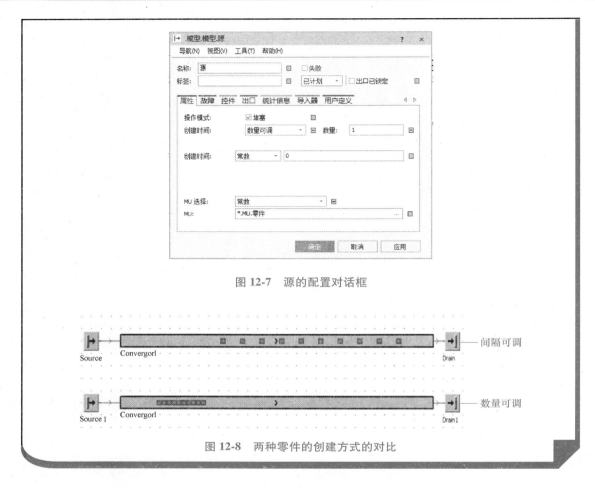

图 12-7 源的配置对话框

图 12-8 两种零件的创建方式的对比

单击"物料终结"按钮，将添加的模型作为连接的终点，一般无须做特殊的配置。

12.1.5 工位（Station）

工位相当于工厂中的一台设备，零件到达工位后执行对应的工艺，完成加工过程。

1."时间"选项卡

单击"工位"按钮 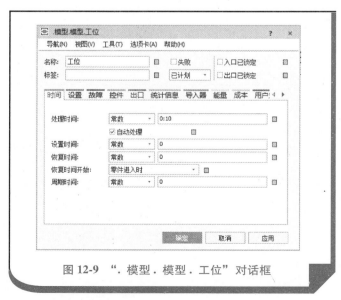，弹出图 12-9 所示对话框，相关设置见表 12-3。

2."故障"选项卡

在"故障"选项卡中可以为本对象添加故障，以仿真实际生产过程中的设备故障。单击"新建"按钮，在弹出的对话框中

图 12-9 ".模型.模型.工位"对话框

进行故障率参数设置，如图 12-10 所示。按表 12-4 中的内容定义配置故障率参数，完成后单击"确定"按钮，如图 12-11 所示，即可将故障率添加到工位中。

表 12-3　". 模型 . 模型 . 工位"对话框中"时间"选项卡的相关设置

选　项	设　置
处理时间	单工位处理 MU 的时间，先在列表框中选择类型（常数或概率分布等），然后在后面的文本框中输入参数
设置时间	为处理不同类型的 MU 而设置对象所需的时间
恢复时间	单处理工位在确定处理下一个 MU 开始之前所需到定义状态的时间
恢复时间开始	选择"恢复时间开始"选项
周期时间	周期时间是物质流对象入口处的第二闸门周期性地打开和关闭的时间，而不用管 Mus 或对象是什么

图 12-10　添加故障控制

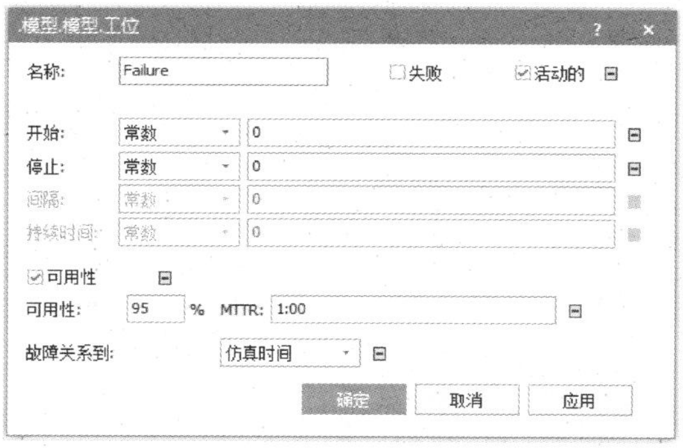

图 12-11　故障参数配置

表 12-4 ".模型.模型.工位"对话框中"故障"选项卡的相关命令含义

选 项	设 置
开始	定义第一次发生该故障的时间
停止	该时间点后，本故障不再发生
可用性	正常工作时间的百分比
MTTR	故障的平均修复时间
故障关系到	仿真时间表示故障跟仿真时间关联（常用） 操作时间表示故障跟操作时间关联

3."统计信息"选项卡

很多对象上都有"统计信息"这一选项卡，它可以在模型运行期间进行数据的统计，并且将关键参数显示在本选项卡上。选中"资源统计信息"复选框，可以在模型运行期间及结束后，看到下面各项统计数据，如图 12-12 所示。

12.1.6　并行工位（Parallal Station）

"并行 2 位" ![icon] 的内置属性与"工位"相同。唯一的区别是并行工位有多个处理站，而不是工位的单个处理站可一次处理多个零件。

并行工位的容量通过"属性"选项卡设置，如图 12-13 所示，"X 尺寸"和"Y 尺寸"文本框分别表示两个方向上的处理站数量。如果都设置为 2，则可同时处理 4 个零件。

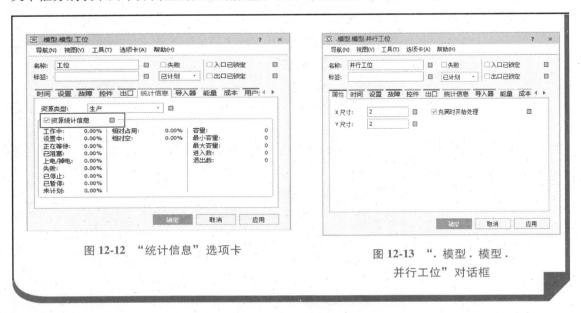

图 12-12　"统计信息"选项卡　　　图 12-13　".模型.模型.
　　　　　　　　　　　　　　　　　　　　　并行工位"对话框

12.2　移动单元（MU）对象介绍

零件（Part）、容器（Container）和小车（Transporter）是软件中的三类运动单元对象，代表零件、托盘、AGV 小车等可运动的物体，下面将分别介绍三类对象。

12.2.1　零件（Part）

"零件" 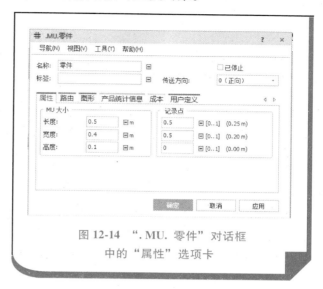 用于生产和运输的零部件。

双击"类库"对话框中的"零件"按钮，或者右击"零件"文件夹，在快捷菜单中选择"打开"命令，可以对该零件类进行修改。可以在"属性"选项卡中修改零件的尺寸，如图 12-14 所示；在"图形"选项卡中修改颜色和显示方式；在"图形"选项卡中选中"活动的矢量图"复选框，可以激活或关闭活动矢量图（图 12-15），还可以对其中的图形进行编辑，如图 12-16 所示。

图 12-14　".MU.零件"对话框
中的"属性"选项卡

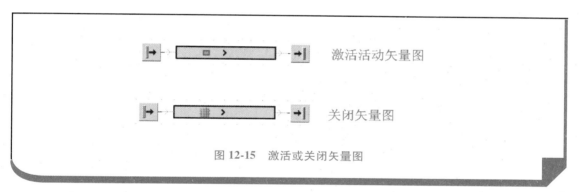

图 12-15　激活或关闭矢量图

12.2.2　容器（Container）

"容器"用于运输其他 MU 的移动物料流动物体，如托盘、料斗、箱子等，有容量限制。

双击"类库"对话框中的"容器"按钮，打开图 12-17 所示对话框，可对其"MU 大小"和"记录点"选项区域中的相关参数进行修改。注意"记录点"选项区域中的值不能超过后面提示的最大值，否则软件会进行报错。其"X 尺寸""Y 尺寸""Z 尺寸"文本框用于设置容器的容量，表示三个方向上各可以放置几个零件，三个方向上的数值相乘即是最大的容量，此处的容量是指数量，而不是体积。在"图形"选项卡中可以选择激活或关闭矢量图，调整显示效果。

12.2.3　小车（Transporter）

"小车" 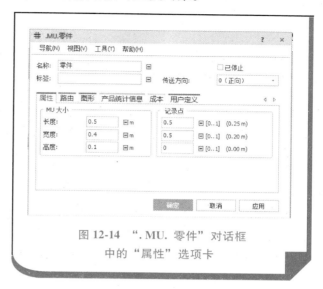 是一个活跃的移动物流对象，可以模拟推车、平板车等运输工具，其自身有速度，可以在轨道上自行移动，可以装载和运输零件、容器、集装箱等。

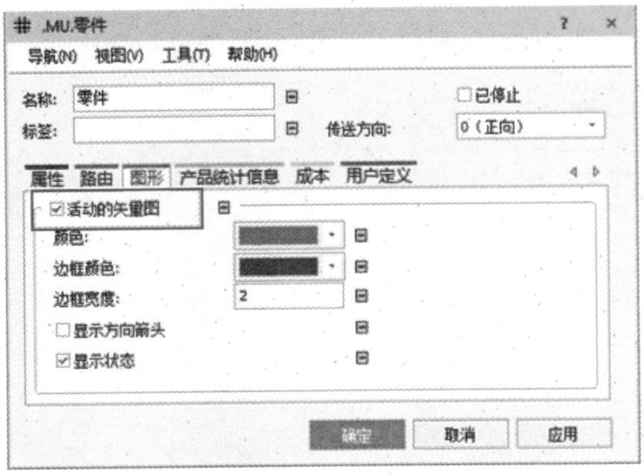

图 12-16 "．MU. 零件"对话框
中的"图形"选项卡

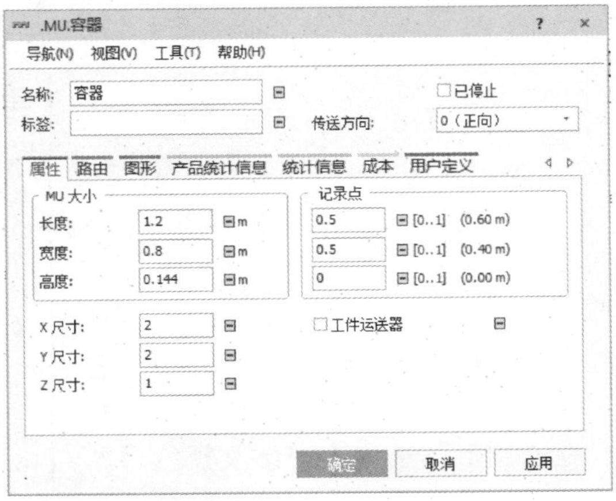

图 12-17 "．MU. 容器"对话框

双击"类库"对话框中的"小车"按钮 ，打开图 12-18 所示对话框，可以为
小车设置速度，选中"反向"复选框，小车将沿着轨道向相反的方向行驶。选中
"加速度"复选框，将激活小车的加速度和减速度；选中"为车头"复选框，小车将
作为后面其他小车的车头，类似于火车车头。"电池"选项卡专门用于定义小车充放
电逻辑，选中"电池"复选框，就激活了充放电逻辑，当小车没电时需要进行充电
才能再次出发。

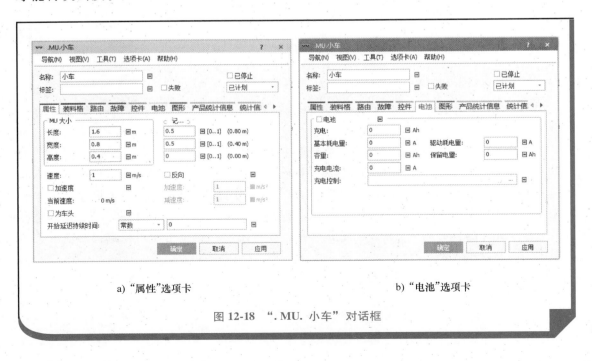

a)"属性"选项卡 b)"电池"选项卡

图 12-18 "．MU. 小车"对话框

12.3 仿真实例

12.3.1 仿真场景

本节以一个桌子的生产线为仿真实例。桌子的制作需要经过木料切割、桌面打磨、喷漆、组装和包装五个工艺步骤，如图 12-19 所示。各工艺步骤中对应的设备数量及工艺详细信息见表 12-5。

图 12-19 生产桌子的工艺步骤

表 12-5 生产桌子的工艺说明

序号	工艺步骤	工艺内容	工艺参数
1	木料切割	将原材料切割成桌面形状	一次加工一个零件，耗时 3min
2	桌面打磨	对切割好的桌面进行边缘打磨	一次加工一个零件，耗时 8min
3	喷漆	对桌面进行喷漆处理	一次加工一个零件，耗时 3min
4	组装	将桌面与桌腿组装成桌子	一次加工一个零件，耗时 4min
5	包装	将做好的桌子包装，准备发货	一次加工一个零件，耗时 2min

12.3.2 建模步骤

在 C 盘创建一个文件夹 Tecnomatix，将 Plant Simulation 安装文件解压。在路径"C：\ Tecnomatix \ 模型"中创建"1. 简单模型 .spp"模型，后续所有模型都存放在这个文件夹中。相关的图片文件存放在"C：\ Tecnomatix \ 按钮文件"中。

1）启动 Plant Simulation 软件，新建模型，设置 2D 建模模式，进入模型新建界面。

2）将当前的框架名称"模型 . 模型"修改为"工厂1"，并在该框架中开始建模。

图 12-20 " . 模型 . 模型 . 源"对话框

3）新建一个源，设置"名称"为"源"，如图 12-20 所示。该对话框中其他参数设置及说明见表 12-6。完成设置后，单击"确定"按钮。

表 12-6 ".模型.模型.源"对话框中的参数设置及说明

选 项	设 置	说 明
操作模式	选中"堵塞"复选框	前一个零件离开源后,再产生第二个零件
创建时间	选择"间隔可调"选项	按时间间隔产生零件
数量	-1	-1 表示不限制上限,如果有数量限制,填写数量上限值
间隔	常数	1:00,表示每隔 1min 产生一个新的零件
MU 选择	常数	只产生一种类型的零件
MU	*.MU.零件	产生的零件是类库 MU 中的零件

4)创建五道工艺对应的工位。五个工位的创建方法类似,在模型中添加工位对象,修改工艺名称,并按照工艺参数完成设置。以第一个工位为例,创建一个工位对象,命名为"切割",如图 12-21 所示。该对话框中其他参数设置及说明见表 12-7。完成设置后,单击"确定"按钮。

依照上述方法完成其他四个工位的创建。

5)创建物料终结站。成品最终进入回收站,类似于被货车拉走。回收站不做特别配置。

6)建立连接。按工艺顺序,依次建立各道工艺的连接,如图 12-22 所示。图 12-23 所示为 3D 建模模式下的模型结构。

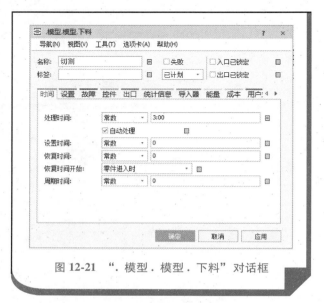

图 12-21 ".模型.模型.下料"对话框

表 12-7 木料切割工艺步骤的参数设置及说明

选 项	设	置	说 明
名称	切割		与实际工艺相同的名称
处理时间	常数	3:00	按实际工艺时间设置

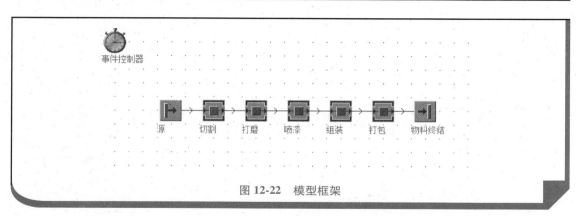

图 12-22 模型框架

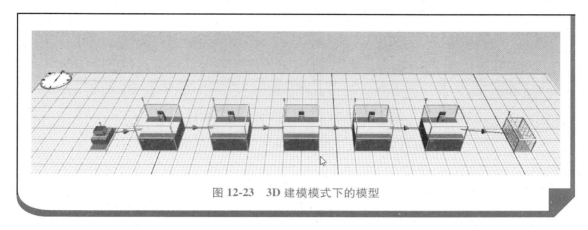

图 12-23 3D 建模模式下的模型

7）以上已经完成模型的基本搭建，可以单击"事件仿真器"按钮，运行仿真模型。在仿真运行过程中，可以看到切割工位上的状态按钮经常是黄色，打磨工位是绿色，而喷漆和组装工位上没有零件，如图 12-24 所示。

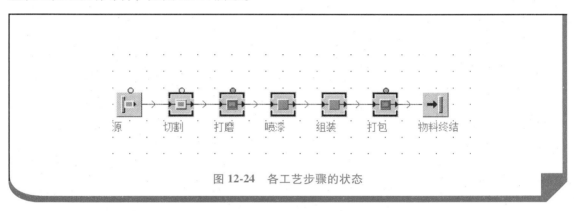

图 12-24 各工艺步骤的状态

表示设备状态的按钮颜色及含义见表 12-8。

表 12-8 表示设备状态的按钮颜色及含义

按钮颜色	含 义
红色	故障
蓝色	暂停
绿色	工作
黄色	拥堵
棕色	工作准备
亮蓝色	设备恢复

用户由设备运行状态大致可以看出，由于打磨工位的工艺时间长，切割工位处于拥堵状态，打磨工位是该生产线的瓶颈工位，有进一步优化的空间。

8）单击"保存"按钮🖫保存模型，本模型保持路径为"C：\ Tecnomatix \ 模型 \ 1. 简单模型 . spp"。

课后练习：

    1. 熟悉本章学习的物流对象，熟悉 2D 和 3D 两种建模模式物流对象的设置对话框。

    2. 熟悉本章学习的移动单元（MU）对象，熟悉 2D 架和 3D 两种建模模式物流对象的设置对话框。

    3. 熟悉 2D 与 3D 建模模式的切换方式。

    4. 练习 12.3 节的仿真实例。

第13章

建立分层结构

13.1 常用的物料流对象

13.1.1 界面（Interface）

"界面" ▶ 是子框架与上一层框架的连接通道，子框架需要一个入口界面和一个出口界面。

单击工具箱中"物料流"选项卡上的"界面"按钮▶，将其拖入绘图区中，可将界面看作一个普通的对象，使用"连接器"按钮 ■➡■ 建立界面与其他对象的连接。在子框架中，入口界面是建立连接的起点，出口界面是建立连接的终点。图13-1所示为2D建模模式和3D建模模式中的界面。

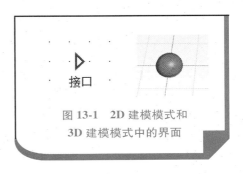

接口

图13-1　2D建模模式和
3D建模模式中的界面

13.1.2 框架（Frame）

"框架" 🗇 用于对象的分组。在仿真过程中，整个模型就是一个框架，在模型中可以建立子框架，将整个模型分成不同的层级结构。框架可以作为一个整体进行复制和粘贴，以便在原来基础上快速搭建新的模型。

在"类库"对话框中右击"模型"文件夹，在弹出的快捷菜单中选择"新建"命令，新建一个模型框架，如图13-2所示。双击打开新建的模型框架，可以在其中进行建模。在该框架中完成建模后，可以将该框架拖入其他框架中作为子框架，建立多层级的模型，如图13-3所示。这种建模方法，针对结构复杂的工厂模型。可以将整个工厂划分为多个子模型进行同步建模，最后在总框架中完成集成。

13.1.3 流量控制（Flow Control）

"流量控制" ⊕ 可用于分离和汇集工厂的物料流，如图13-4所示。需要注意的是，使用"流量控制"按钮不能处理MU，它只将它们分配给在模拟模型的站点序列中成功的对象。

单击"流量控制"按钮，在两个其他对象之间插入流量控制，以控制这些对象之间的物料流动方式。如有需要，用户还可以组合几个流量控制对象。

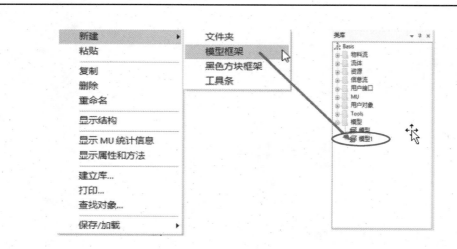

图 13-2　创建新框架

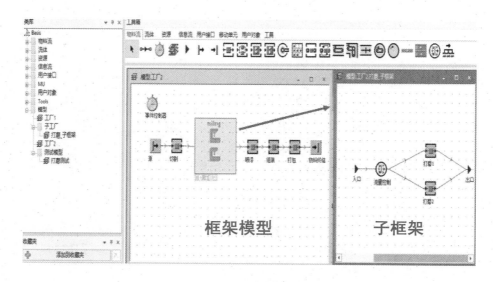

图 13-3　框架模型与子框架

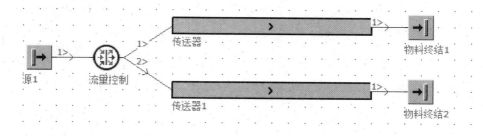

图 13-4　框架中的流量控制

图 13-5 和图 13-6 所示为流量控制的入口策略和出口策略。这里介绍几个典型的出口策略。

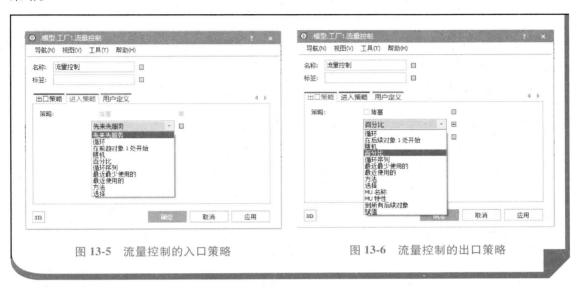

图 13-5　流量控制的入口策略　　　　图 13-6　流量控制的出口策略

（1）"百分比"策略　在"．模型．工厂1．流量控制"对话框的"出口策略"选项卡上的"策略"列表框中选择"百分比"选项，单击"应用"按钮 应用 后，在"策略"列表框的下方出现"打开列表"按钮 打开列表 ，单击"打开列表"按钮 打开列表 ，在弹出的对话框中依次设置各后续对象占据的百分比。需要注意的是，"打开列表"按钮 打开列表 后面的▣一定要是激活状态，才可以进行该列表的编辑。图 13-7 所示中，流向后续对象 1 的物料占 20%，流向后续对象 2 的物料占 80%。

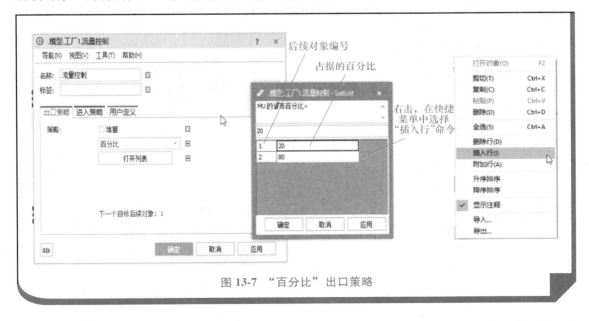

图 13-7　"百分比"出口策略

（2）"最近最少使用的"策略　这是一个尽量均衡的策略（图 13-8），用于判断后续对象中哪一个是之前发的次数最少的一个，并将其作为这一次发放物料的对象。

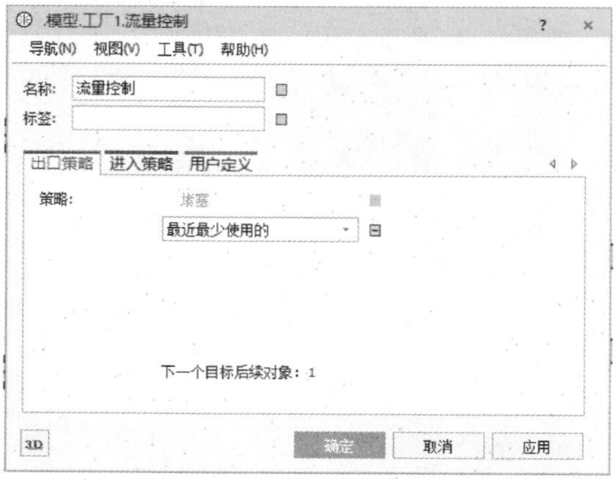

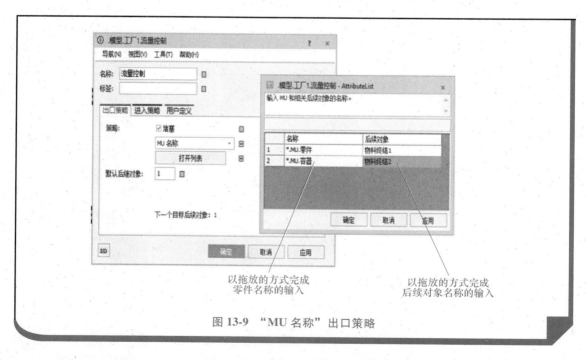

图 13-8　"最近最少使用的"出口策略

（3）"MU 名称"策略　该策略是将不同名称的 MU 发往不同的后续对象。激活"打开列表"按钮 ▭▭▭打开列表▭▭▭后的▣，在弹出的对话框中，以拖放的方式将零件及后续对象放入对话框中，完成对零件及后续对象的流向控制，如图 13-9 所示。

图 13-9　"MU 名称"出口策略

流量控制的进入入口与出口策略配置方法类似，用户可根据实际情况选择一个适合的策略，并对相关参数进行设置即可。

13.1.4 传送器（Converter）

"传送器" 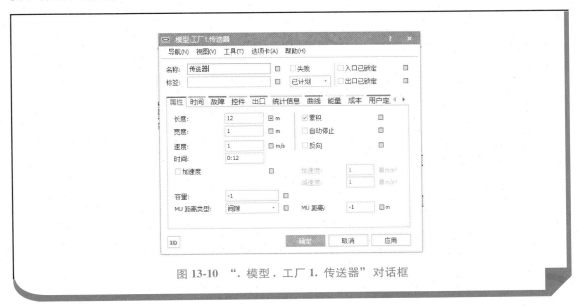表示工厂中的传送带部件，用于两个物料流工位之间零件的传输。单击"传送器"按钮，弹出图 13-10 所示对话框，用户可以在该对话框中设置它的长度、宽度、容量、速度和 MU 之间的间隔距离；对话框中各参数及其含义见表 13-1。

图 13-10 "．模型．工厂 1．传送器"对话框

表 13-1 "．模型．工厂 1．传送器"对话框中各参数及其含义

选 项	含 义
长度	传送器的长度
宽度	传送器的宽度
速度	传送器传输 MU 的速度
时间	MU 从传送器的入口传输到出口所需时间
加速度	激活或关闭加速度
容量	传送器上能加载 MU 的最大值，−1 表示不做限制
MU 距离类型	1）间隙两个 MU 边界之间的距离 2）间隙两个 MU 中心点的距离 3）最小间隙两个 MU 之间间隙的最小值 4）最小间隙两个 MU 之间间隔的最小值
MU 距离	两个 MU 之间的相对距离
累积	选中该复选框时，MU 可以堆放在该传送器上，即使出口被阻塞，MU 仍然可以前后移动
自动停止	选中该复选框时，传送器在不传输部件时的速度为 0，包括几种情况：传送器上没有 MU 或 MU 无法离开而造成阻塞时
反向	选中该复选框时，会使 MU 向相反的方向传输

　　使用传送器时，单击框架空白处的一个对象，再单击框架空白处的对象即可完成两个对象之间的传送器。用户也可以创建折线，还可以在单击的同时按<Ctrl>键进行弧线的创建，如图 13-11 所示。在图 13-12 所示对话框中，用户可以设置创建线的数值。

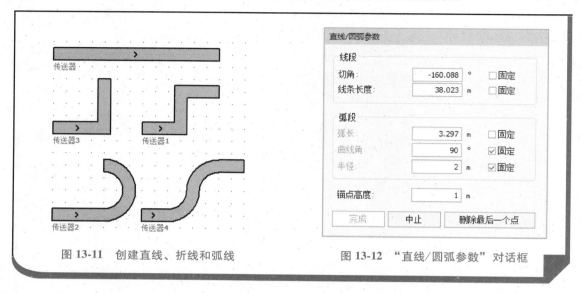

图 13-11　创建直线、折线和弧线　　　　　图 13-12　"直线/圆弧参数"对话框

　　若要修改已经创建好的线段的长度等参数的数值，可右击该线段，在弹出的快捷菜单中选择"段"→"编辑"命令，在弹出的对话框中修改数值，如图 13-13 所示。如果对线段的长度等几何尺寸的要求不需要很精准时，也可以单击该线段，在其进入编辑状态后，直接用拖拽的方式对线段上的点进行调整。如果右击线段，在弹出的快捷菜单中选择"段"→"反转"命令，则该线的运动方向将变为反方向。

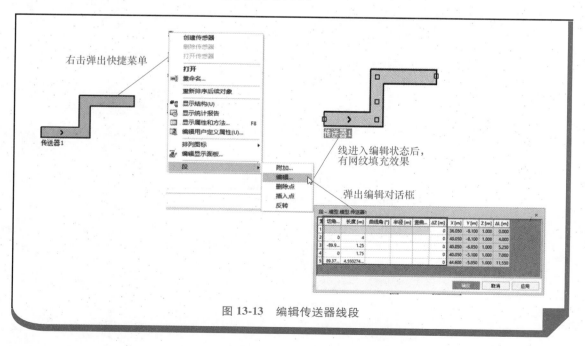

图 13-13　编辑传送器线段

13.1.5 角度转换器（Angular Converter）

"角度转换器" 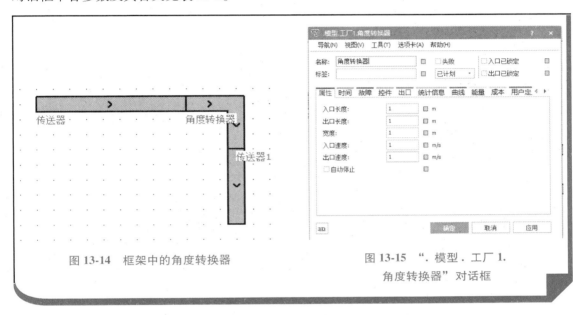 用于改变移动物体的传送方向，可从纵向传送变为横向传送或从横向传送变为纵向传送。

在框架中，角度转换器与画成直角的传送器不同，如图13-14所示。在"．模型．工厂1．角度转换器"对话框中，用户可以分别定义入口和出口两段的速度，如图13-15所示，对话框中各参数及其含义见表13-2。

图 13-14 框架中的角度转换器

图 13-15 "．模型．工厂1．角度转换器"对话框

表 13-2 "．模型．工厂1．角度转换器"各参数及其含义

选 项	含 义
入口长度	入口部分的长度
出口长度	出口部分的长度
宽度	角度转换器的宽度
入口速度	入口部分传输 MU 的速度
出口速度	输出入口部分传输 MU 的速度
自动停止	选中该复选框后，其上面没有 MU 或处于堵塞状态时，速度为 0

13.2 用户界面对象介绍：图表（Chart）

"图表" 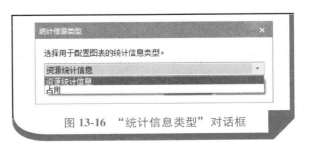 主要用来统计各个工位的资源统计和占用率，利用"图表"，用户可以轻易看到各个工位的工作时间、等待时间、阻塞时间、故障时间等。将想要查看信息的工位拖进图表内，就会出现图13-16所示的对话框，用户选择想要显

图 13-16 "统计信息类型"对话框

示的信息即可。

运行模型，右击弹出快捷菜单，选择"图表显示"，弹出的图 13-17 所示窗口。如果想要修改图表类型，在图 13-18 所示对话框的"显示"选项卡上的"图表类型"列表框中选择需要的类型。除此之外，还可以设置图表的标签和颜色等，让图表看起来更加美观。

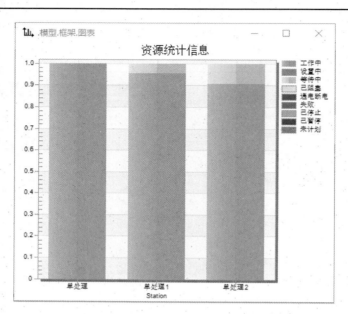

图 13-17 ".模型.框架.图表"窗口

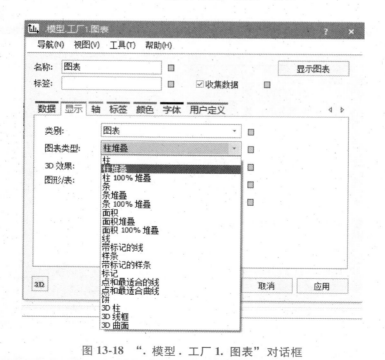

图 13-18 ".模型.工厂 1.图表"对话框

13.3 类和继承

类和继承是 Plant Simulation 软件中非常重要的概念，对于初学者来说，这些概念比较难于理解，本节将简单地介绍一下类和继承的基本概念和用法。

1. 类（Class）

类库里面全部都是类，是用户可以直接使用的标准模板。

2. 子类（Subclass）

在类库中，如果有一个类完全继承了另一个类的所有属性，就称这个类为子类，被继承的对象称为父类。父类的属性发生变化时，子类也会跟着变化。

3. 实例（Instance）

从类库或工具栏中选择一个类，插入到当前框架中，形成一个具体对象，称为建立了一个实例。

4. 继承（Inheritance）

一个类传递所有属性给它的子类，这种传递方式称为继承。

5. 复制和派生

建模时在类库现有类的基础上建立新的类，有两种方式：一种是复制；一种是派生。

复制是完全拷贝当前类的属性，形成一个新的类，但是新的类与原来的类没有任何关联。

派生是建立原来类的一个子类，子类所有属性都继承它的父类。如果父类某一属性发生变化，子类也发生变化。

图 13-19 所示为派生出的工位，图 13-20 所示为复制工位。图中圈出来的方框中，□ 表示继承父类，即父类变化，此处跟着一起变化；▣ 表示不继承父类，即父类变化，此处不变。可以看出，复制的类，属性不继承父类；派生的类，属性都继承父类。

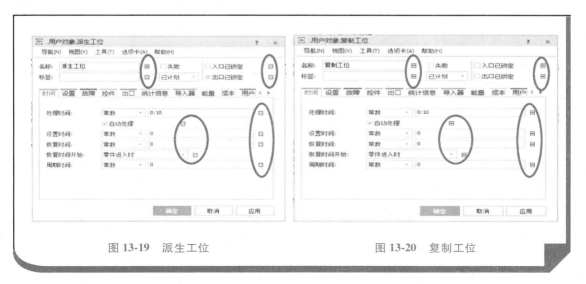

图 13-19　派生工位　　　　　　　　　　图 13-20　复制工位

13.4 仿真实例

13.4.1 仿真场景

在本书 12.3 章的仿真实例中，已经完成了桌面生产线的初步建模，并发现桌面打磨工位是整条生产线的瓶颈。为了提高生产线的生产能力，需要对生产线进行优化，目前考虑增加一台新的打磨设备，新设备的加工能力更强，打磨一个桌面只需要 3min。现在通过仿真的方法，评估新增设备后整条生产线的效果。工艺说明见表 13-3。

表 13-3　新增打磨设备后的桌面打磨工艺说明

工艺步骤	工艺内容	设备数量	工艺参数
桌面打磨	对切割好的桌面的边缘进行打磨	共 2 台（原 1 台新增 1 台）	原设备（每次加工一个零件），耗时 8min 新设备（每次加工一个零件），耗时 3min

13.4.2 建模步骤

打开本书第 12 章完成的"1. 简单模型 . spp"模型，将其另存为"2. 新增打磨设备 . spp"，开始下面的建模。

1. 添加一台打磨设备

1）在"工厂 1"框架中新增加一台打磨设备，在图 13-21 所示对话框中，将"名称"由原来的"打磨"改为"打磨1"，并设置新增设备的"名称"为"打磨 2"，根据工艺说明，将打磨 2 工位的"处理时间"设置为 3min。

2）建立打磨 2 工位与上下游对象的连接，如图 13-22 所示。

图 13-21　". 模型 . 工厂1. 打磨2"对话框

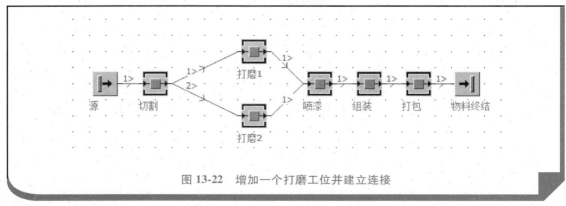

图 13-22　增加一个打磨工位并建立连接

3）在建模主界面空白处右击，在弹出的快捷菜单中选择"视图选项"→"显示后续对象"命令，如图13-23所示，显示每个对象的后续对象的数量，连接线上的序号即为排序序号。

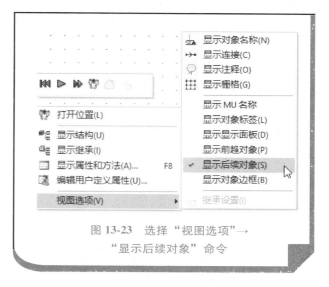

图 13-23　选择"视图选项"→"显示后续对象"命令

2. 分流策略配置

从"切割"工位出来的零件，有打磨1和打磨2两个流向，可以用两种方式实现对零件流向的控制：一种是直接在"切割"的"出口策略"选项卡中进行设置，另一种是在"切割"工艺后面增加一个流量控制，在流量控制中设置出口策略。这里使用流量控制来实现物料的分流，如图13-24所示。具体设置方法在前文已经讲过，此处不赘述。考虑到打磨2的加工速度比打磨1高，可将分流"百分比"设置为"30"和"70"，如图13-25所示，即70%的物料流向打磨2工位。

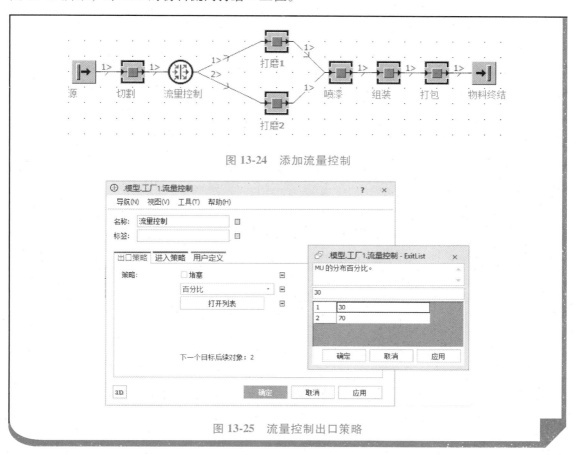

图 13-24　添加流量控制

图 13-25　流量控制出口策略

3. 创建统计表

在模型中添加图表对象，选择模型中的六台设备，将其一起拖入模型中的"图表"对象，即可完成统计表的建立，如图 13-26 所示。

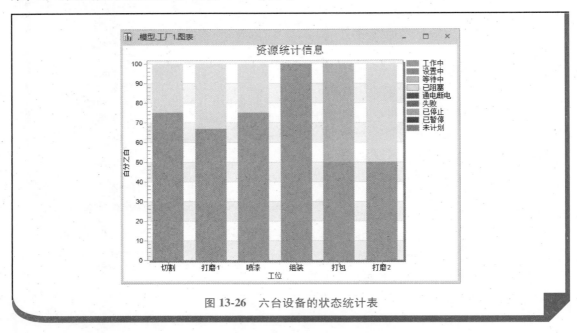

图 13-26　六台设备的状态统计表

从统计表数据可以看出，目前打磨工位的两台设备已经不是整条线的瓶颈了，目前组装工位一直处于"工作中"的状态，已经成为新的瓶颈。其后的打包工位，大量时间处于"等待中"状态。两个打磨工位的工作量按照 30% 和 70% 的比例进行分配，打磨 1 的"工作中"占比略高于打磨 2。

4. 建立子框架

1）在"类库"对话框的"模型"文件夹下，新建一个名称为"子工厂"的文件夹，在"子工厂"文件夹中，按照图 13-27 所示层级新建一个模型框架，命名为"打磨_子框架"。由于本框架无须产生零件进行仿真，因此将"子工厂"中的事件控制器删除，此时"打磨_子框架"也没有任何对象。

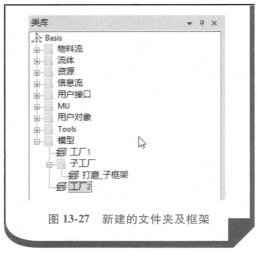

图 13-27　新建的文件夹及框架

2）右击"模型"文件夹下的"工厂 1"框架，在弹出的快捷菜单中选择"复制"命令，将复制出来的新框架命名为"工厂 2"，用户将在"工厂 2"中继续分层建模。

3）选择"工厂 2"中与打磨工艺相关的四个对象，使用主工作界面中"主页"选项卡上的"编辑"组中的命令按钮，将这四个对象剪切并复制到"打磨_子框架"中。

4）在"打磨_子框架"中再添加两个接口对象，分别命名为"入口"和"出口"。

5）建立"打磨_子框架"中元素的连接，结果如图13-28所示。"入口"和"出口"都由蓝色变为红色，表示已经连接成功。

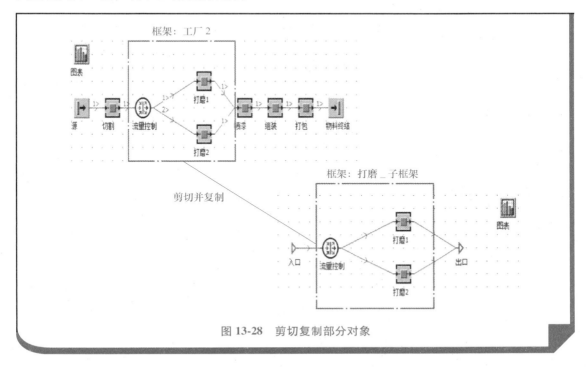

图 13-28　剪切复制部分对象

6）在"打磨_子框架"中添加一个图表，显示两台打磨机的状态。

需要注意的是，由于图表中关联的是当下框架中的对象名称，因此在剪切和复制后，可能因为对象名称发生变化或对象被剪切而出错。用户只需要将原来的图表删除，重新建立即可。

5. 子框架测试

1）在"模型"文件夹下，新建一个"测试模型"文件夹，并在其中新建一个模型框架，取名为"打磨测试"，如图13-29所示。

2）在"打磨测试"中新建一个源和一个物料终结，然后新建一个"打磨_子框架"，即拖入上一步在类库中创建的"打磨_子框架"类。

3）如图13-30所示，建立三者的连接，完成测试环境的搭建。

4）运行本测试模型。用户可以双击打开进入子框架，查看运行运行是否正确。

6. 完成分层建模

测试完成后，将类库中的"打磨_子框架"拖到"工厂2"中，建立连接，即完成了分层模型的建模，如图13-31所示。

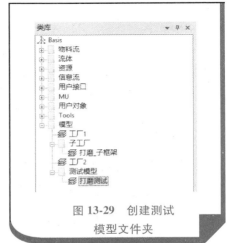

图 13-29　创建测试
模型文件夹

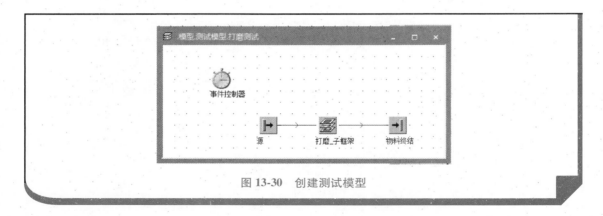

图 13-30　创建测试模型

本模型与图 13-24 中的模型相同，只不过本模型采取分层建模的方法，将打磨工位单独定义为一个子框架。按照这种分层建模的方法，可以逐层建立出非常复杂的工厂模型。

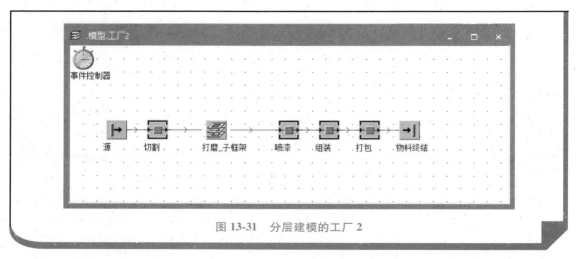

图 13-31　分层建模的工厂 2

课后练习：

1. 熟悉本章关于物料流对象和用户界面对象的操作方法。

2. 重新执行本节仿真实例的操作步骤，掌握分层建模方法。

3. 加深对类和继承概念的理解，可学习面向对象编程的一些基本内容，有助于加深理解。

第14章

图标与 3D 图形的编辑

14.1 图标编辑工具

14.1.1 图标编辑

用户使用 Plant Simulation 软件进行建模时，为了提高模型的可视化效果，经常需要对对象的图标进行编辑，将图标更改为与实际零件、设备相近的外观显示。如果需要对类库中的某个类进行图标的编辑，可在"类库"对话框中右击该类，在弹出的快捷菜单中选择"编辑图标"命令（图 14-1），进入图标的编辑界面，如图 14-2 所示。如果用户需要对模型中的某个具体对象进行图标编辑，则需要使主工作界面上"编辑"选项卡中的"继承"按钮 ![继承] 不被激活，才可以进行编辑。

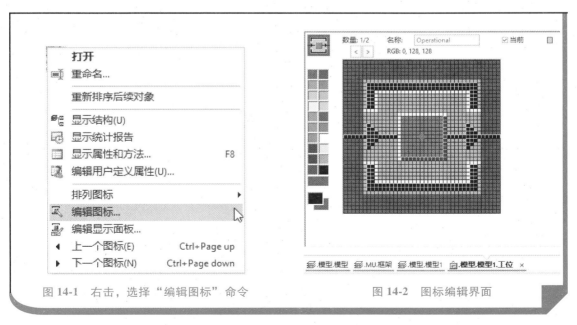

图 14-1 右击，选择"编辑图标"命令   图 14-2 图标编辑界面

进入图标编辑模式，在主工作界面的功能区有三个专属的选项卡，如图 14-3 所示，即"编辑""动画""常规"选项卡。

图 14-3　图标编辑的选项卡

在"编辑"选项卡上，用户可以对图标进行放大、缩小操作，也可以通过"手绘""直线""多义线"等命令按钮对图标进行修改。

"编辑"选项卡上各组的作用如下：

1）"文件"组：新建、导入、导出位图文件。

2）"转至"组：显示目前这个类所有的图标。

3）"缩放"组：放大或缩小图标文件。

4）"操作"组：在图标编辑区域绘制形状、设置颜色等。

5）"设置"组：设置图标大小和透明程度。

6）"应用"组：图标更改完后，单击此组中的"应用更改"按钮确认更改。

用户对物料流对象及 MU 对象都可以设置不同名称的图标。框架有两种图标，如图 14-4 和图 14-5 所示。用户单击"编辑"选项卡上的"新建"按钮 新建，可以创建新的图标，单击"删除"按钮，可以删除当前的图标。

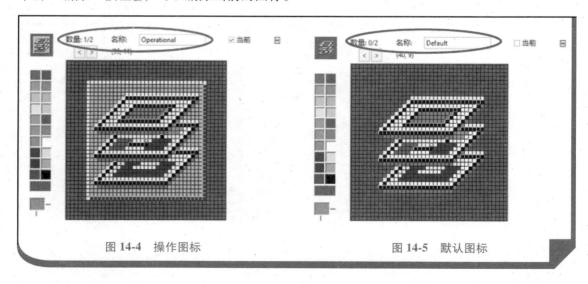

图 14-4　操作图标　　　　　　　图 14-5　默认图标

14.1.2　动画编辑

在"动画"选项卡（图 14-6）中，用户可以编辑图标的动画点，一般经常用于以下两个方面：

1）容器类图标的动画点，即确定零件存放在该容器的位置。

2）物料流图标的动画点，即 MU 进入该物料流对象后的停留位置。

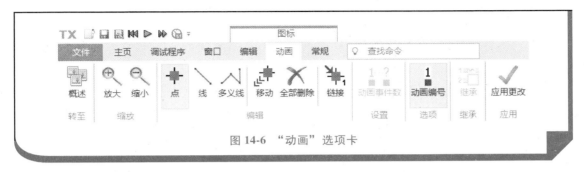

图 14-6　"动画"选项卡

在图标上单击，即在上面添加了一个动画点。若要移动动画点则单击"编辑"组中的"移动"按钮，然后选择图标中的动画点，拖拽鼠标进行移动。若要删除某一个动画点，则选择该动画点，然后右击即可删除。单击"编辑"组中的"全部删除"按钮，即可把所有动画点删除。单击"编辑"组中的"动画编号"按钮，即可显示或隐藏动画点。单击"编辑"组中的"链接"按钮，可以将动画点与框架中的对象进行关联，具体操作将在本书 14.6 节中的建模步骤中讲解。

编辑完动画点后，单击"应用"组中的"应用更改"按钮，即可保存更改。图 14-7 所示为一个动画点与四个动画点的区别，同样放四个 MU，一个动画点会将其他 MU 堆叠在一起，只显示其中一个，四个动画点则会将 MU 分别放在四个不同的位置。

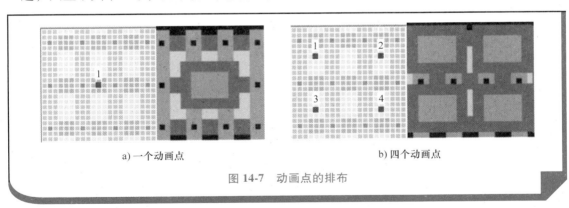

a）一个动画点　　　　　　　　　　b）四个动画点

图 14-7　动画点的排布

14.1.3　MU 的矢量图

在 MU 类对话框中都有一个"图形"选项卡，上面有"活动的矢量图"复选框。选中该复选框后，可以显示出更为精细的图标。以容器为例，双击"类库"文件夹中的容器，在弹出的图 14-8 所示对话框中选择"图形"选项卡，选中"活动的矢量图"复选框。选中与取消选中该复选框的效果对比如图 14-9 所示。

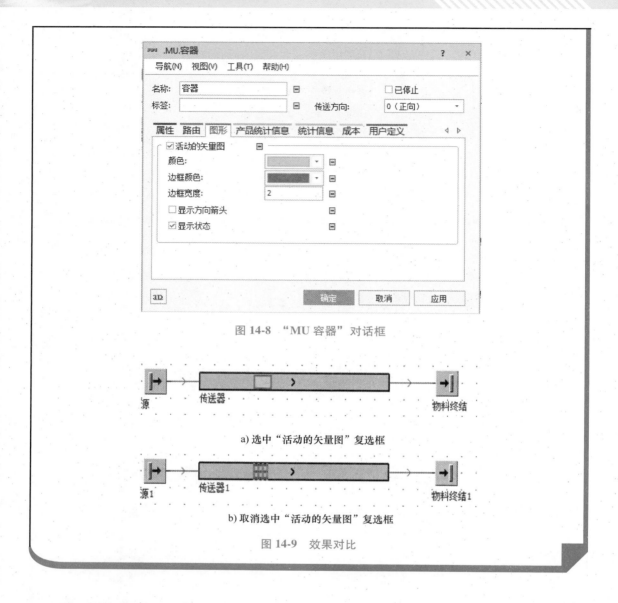

图 14-8 "MU 容器"对话框

a) 选中"活动的矢量图"复选框

b) 取消选中"活动的矢量图"复选框

图 14-9 效果对比

14.2 3D 图形编辑

14.2.1 3D 图形的导入和导出

1. 导入图形

用户使用 Plant Simulation 软件创建 3D 仿真模型时,在当前模型框架中除了需要添加工位、传送器等这些仿真运行必需的对象外,为了提高显示效果,还需要导入厂房墙壁、厂房钢结构等一些厂房布局的 3D 图形。这时就要用到"导入图形"按钮 ,如图 14-10 所示。

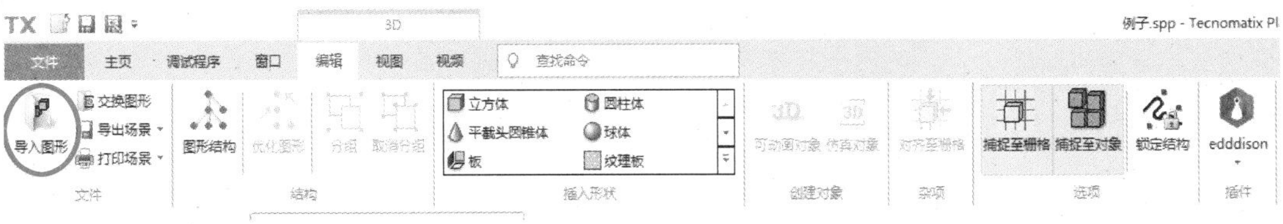

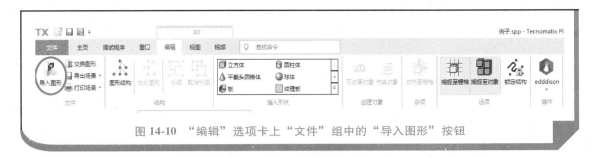

图 14-10　“编辑”选项卡上“文件”组中的“导入图形”按钮

单击“导入图形”按钮，弹出的对话框会自动关联到软件安装目录中的Tecnomatix Plant Simulation15/3D/jt-graphics 文件夹（用户在建模时，为了便于管理，可以自行建立其他文件夹统一存放这类模型），该文件夹下是系统自带的格式为.JT 文件，是厂房布局相关的3D图形。在“打开”对话框中单击想要导入框架中的图形名称，单击“打开”按钮，即可将模块导入框架，如图 14-11 所示。

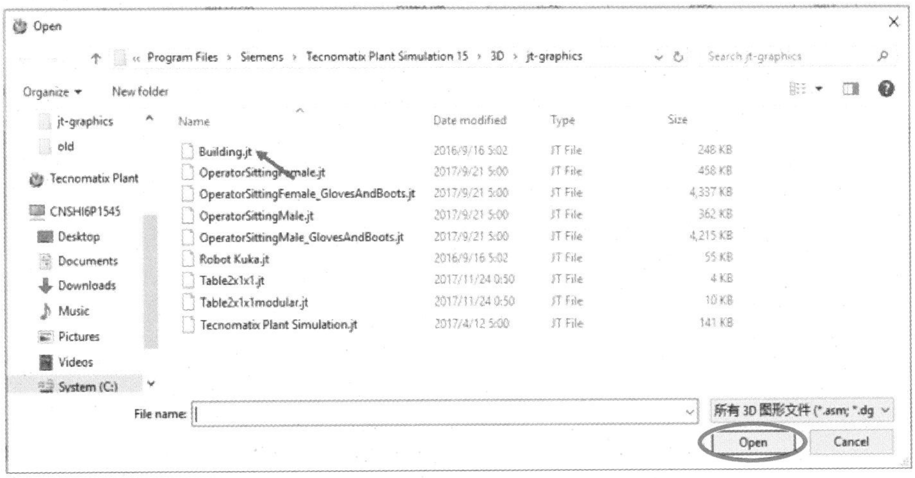

图 14-11　导入需要的 3D 模型

此时，图形还未被完全导入框架，拖动鼠标时图形会跟着移动。用户拖动鼠标将图形移动到相应的位置，然后单击，这时会弹出图 14-12 所示对话框，选择插入图形的坐标系方向和目标图形组选项。一般情况下选择“deno（内部的）”选项，如果选择“default（外部的）”选项，则系统会隐藏图形结构，用户需要单击“视图”选项卡上 外部图形组 按钮显示，可参考图 14-13 所示效果。

导入 3D 图形后有可能位置不符合既定要求，需要调整。双击导入的图形，在弹出的对话框中对相关参数进行调整。可以通过调整“位置”（改变导入图形的位置）、“旋转”（将图形转到某个角度）、“镜像”（得到当前图形的镜像图形）和“缩放”（改变当前图形的大小）选项区域的相关参数来实现，如图 14-14 所示。单击“位置”选项区域中的“移至零”按钮 移至零 ，可以快速将 3D 图形移动到框架原点。

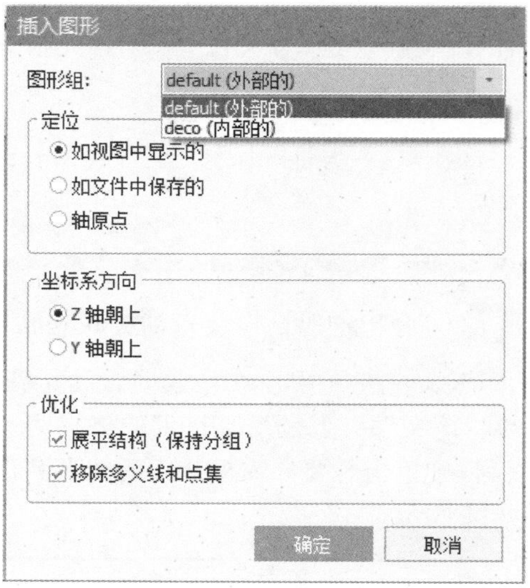

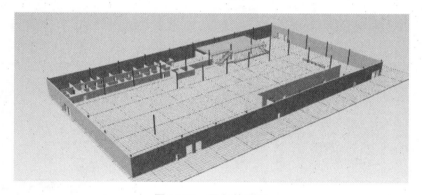

图 14-12　插入图形配置内容

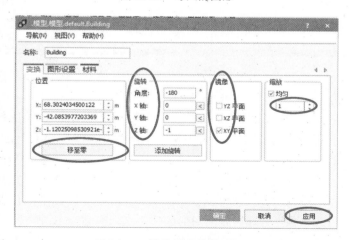

图 14-13　导入的图形

图 14-14　调整导入的模型位置

2. 导出场景

建模时有时用户需要将当前框架的 3D 图形导出。单击"编辑"选项卡上"文件"组中的"导出场景"按钮 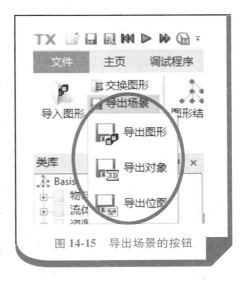 导出场景 · 旁的小三角，会出现以下三个命令按钮（图 14-15）：

1）"导出图形"按钮 ⬚ 导出图形：将当前 3D 场景的所有可见图形导出为 . JT 格式文件，以后在进行 3D 图形导入时可以使用该文件。

2）"导出对象"按钮 ⬚ 导出对象：将当前 3D 场景导出为 . s3d 格式文件，包括图形和动画数据，以后在进行交换图形时可以使用该文件。

3）"导出位图"按钮 ⬚ 导出位图：将当前 3D 场景导出为位图数据（. bmp 格式文件）。

图 14-15　导出场景的按钮

14. 2. 2　交换图形

Plant Simulation 软件中自带了一些基本 3D 图形，用户在建模时为了提高显示效果，可将对象的图形替换为与实际一致的 3D 图形，这一操作可通过"交换图形"命令来实现。

如果替换类库中的 3D 图形，则在"类库"对话框中右击某一类，在弹出的快捷菜单中选择"在 3D 中打开"命令，如图 14-16a 所示，进入 3D 建模模式后，单击"编辑"选项卡上"文件"组中的"交换图形"按钮 ⬚ 交换图形 进行图形的替换，如图 14-16b 所示。

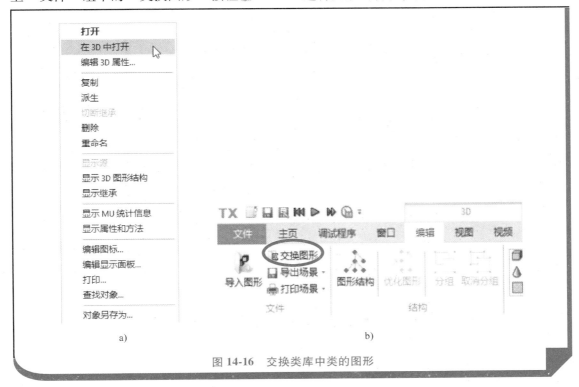

图 14-16　交换类库中类的图形

如果需要替换框架中某个具体对象的图形，可在框架模型中右击该对象，在弹出的快捷菜单中选择"交换图形"命令，弹出"交换图形"对话框，如图 14-17 所示。用户可选择需要的图形，单击"打开"按钮，即可将框架中的图形更新为新的 3D 模型，效果如图 14-18 所示。

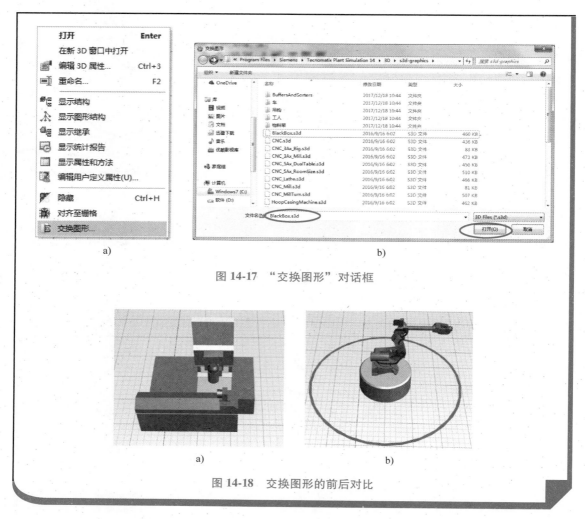

a)   b)

图 14-17　"交换图形"对话框

a)   b)

图 14-18　交换图形的前后对比

14.3　保存和加载对象

当前框架模型中的框架、类、对象，可以保存为 .obj 格式的文件，在以后建模时将其加载进入类库，然后拖入框架中使用。

14.3.1　保存对象

1. 将框架保存为对象

在"类库"对话框中右击需要保存的框架，在弹出的快捷菜单中选择"对象另存为"

命令，弹出"另存为"对话框，如图 14-19 所示，选择要保存的位置并修改名字，完成后单击"保存"按钮即可。

图 14-19　将框架保存为对象

2. 将框架中的对象保存为对象

若要将框架中的某个具体对象保存为对象，要先将该对象拖入类库中，如图 14-20 所示，单击并拖动该对象不放，将其拖入文件夹中，然后重复上面"另存为"操作步骤即可。

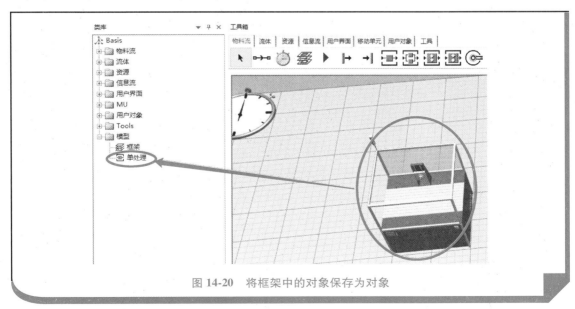

图 14-20　将框架中的对象保存为对象

14.3.2　加载对象

右击需要加载新对象的文件夹，在弹出的快捷菜单中选择"保存/加载"→"加载对象"命令，如图 14-21 所示，在弹出的对话框中找到待加载对象所在的位置，选择该对象后，单击"打开"按钮。这时会弹出"替换或重命名类"对话框，如图 14-22 所示。这表明该对象在类库中有相同的对象，用户可选中"将加载的类替换为类库中的类"或"重新命名并保持复制的类"单选按钮，推荐后者。

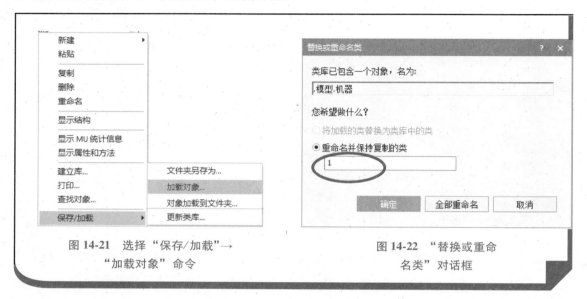

图 14-21　选择"保存/加载"→
"加载对象"命令

图 14-22　"替换或重命
名类"对话框

14.4　编辑 3D 属性

2D 建模模式下，激活 2D 与 3D 的转换按钮后，就可以打开对象的编辑 3D 属性对话框。右击对象，在弹出的快捷菜单中选择编辑 3D 属性，或者双击打开对象的选项卡，单击左下角的"3D"按钮，进入编辑 3D 属性对话框，如图 14-23 所示。在该对话框中含有"变换""MU 动画""姿态"等多个选项卡。

1. "变换"选项卡

在"变换"选项卡上可以调整 3D 图形在建模模式中的位置、旋转角度等。在前文已讲过，此处不再赘述。不同的是移动单元对象默认没有"缩放"操作，而是有一个"自动缩放"复选框，选中该复选框后，若更改图形，系统将会自动缩放到初始图形的大小。

2. "外观"选项卡

对于"存储""传送器""角度转换器"等对象，有一个特有的选项卡，即"外观"选项卡。用户可以方便地对对象的外观、材质进行参数化配置，以达到与生产实际更加贴近的显示效果。

以"传送器"为例，如图 14-24 所示，在"外观"选项卡上可以设置传送器的类型，腿的类型和材料，通道及框架的材料和尺寸。具体的配置方式并不复杂，可以在实际建模过程中摸索尝试，这里不做详细说明。可参考图 14-25 所示效果。

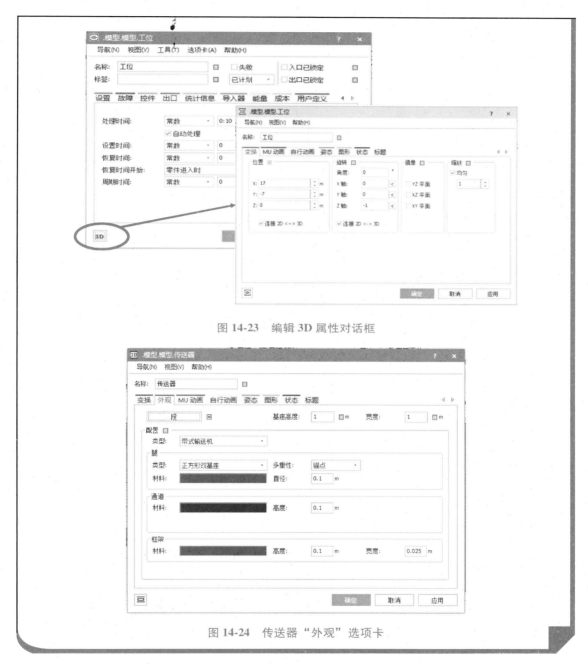

图 14-23　编辑 3D 属性对话框

图 14-24　传送器"外观"选项卡

3. "MU 动画"选项卡

在"MU 动画"选项卡中，用户可对 MU 进入该对象后放置的位置点及运动的动画路径进行编辑。一般模型对象都会自带一个名为"Default"的动画路径，如图 14-26 所示，单击 **显示** 按钮，即可在对象的 3D 图形上看到一个红色的动画点，如图 14-27 所示。这个动画点就是 MU 进入本对象后放置的一个参照点。如果该对象的容量是 1，则 MU 放置在这个动画点上。如果是"并行工位""存储"这类容量为多个的对象，则 MU 将以这个动画点为中心点进行排列。

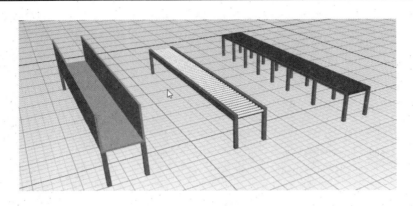

图 14-25　配置出不同类型的传送器

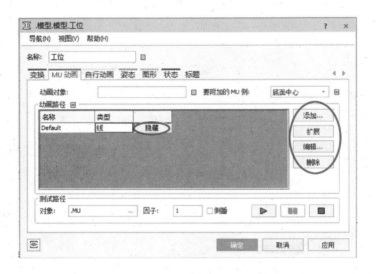

图 14-26　"MU 动画"选项卡

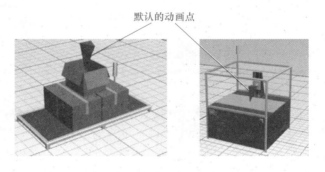

图 14-27　动画点

选择"Default"对象后，单击右侧的"编辑"按钮 编辑... ，弹出"路径描点"对话框，第一个点是默认的动画点。如果单击左下角的"编辑值"按钮 编辑值... ，可以在弹出的对话框（图14-28）中编辑该动画点的位置，设置旋转角度等，如图14-28所示。如果单击右上角的"添加按钮" 添加 或"之前插入"按钮 之前插入 ，则可以增加动画点，定义动画路径，即MU进入该对象后，会按照几个动画点定义出来的动画路径来运动。

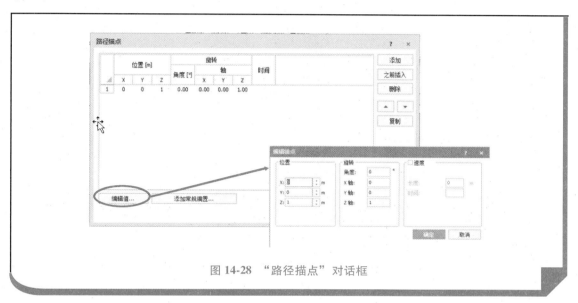

图 14-28　"路径描点"对话框

4. "标题"选项卡

"标题"选项卡用于激活物料流对象的标签，选中"启用名称/标签"复选框，将在物料流对象附近的位置生成一个标签，如图14-29所示。用户可在本选项卡中对其位置、旋转角度和大小进行编辑，标签显示的内容是该对象的名称。

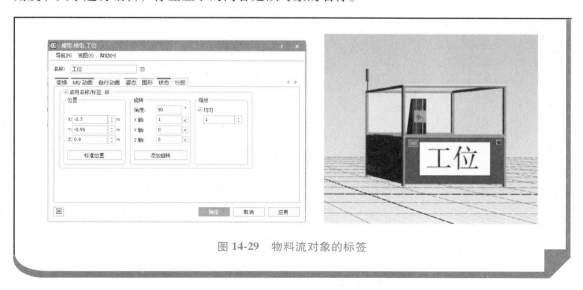

图 14-29　物料流对象的标签

14.5 导入 CAD

在 3D 建模模式中，为了使各个设备都放置在与实际一致的位置上，需要导入车间的 CAD 布局图，按照 CAD 的定义，摆放各对象。具体操作方式为将 CAD 文件拖入当前框架中，设置 CAD 比例，将各图标按照实际位置，放置在 CAD 布局图所示的位置即可。

14.6 仿真实例

14.6.1 仿真场景

本章所述的图标及编辑 3D 属性的功能，主要用来提高模型的显示效果。由于 Plant Simulation 软件的优势在于物流仿真，其几何建模的功能并没有常用的建模工具那么强大，因此在实际建模中，常用的做法是用户使用自己熟悉的建模软件完成模型的创建，然后导出 Plant Simulation 软件可读的文件。仿真建模时先使用软件自带的图标和 3D 图形建模，再替换为外部已经编辑好的图形文件。

本节的仿真操作比较简单，将对本书第 13 章完成的模型中的"打磨"框架进行图标替换。

14.6.2 建模步骤

导入名为"2. 新增打磨设备 . spp"的模型文件，将其另存为"3. 更新框架图标 . spp"。

1）右击"类库"对话框中"子工厂"文件夹下的"打磨_子框架"，在弹出的快捷菜单中选择"编辑图标"命令，进入图标编辑的模式，如图 14-30 所示。

2）单击"编辑"选项卡上"文件"组中的"导入"按钮旁的小三角，选择"导入位图文件"命令（图 14-31），在弹出的图 14-32 所示的对话框中选择"millingpic . png"文件并且单击"确定"按钮，完成了图标的导入操作，如图 14-33 所示。

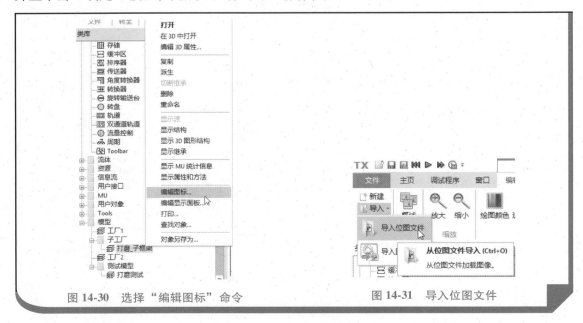

图 14-30 选择"编辑图标"命令　　　　图 14-31 导入位图文件

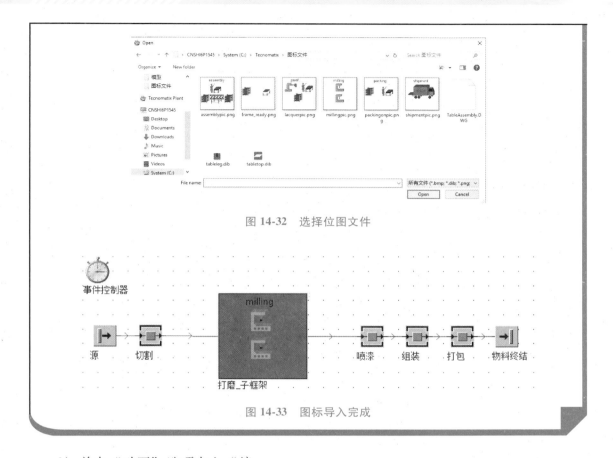

图 14-32　选择位图文件

图 14-33　图标导入完成

3）单击"动画"选项卡上"编辑"组中的"点"按钮，在图 14-34 所示的导入图片的上、下两个磨头位置单击，创建两个动画点。然后使用"链接"命令创建这两个动画点和两台打磨设备的关联。"链接"按钮被激活后，单击动画点 1，会弹出"打磨_子框架"框架，单击"打磨 1"，完成两者的连接，如图 14-35 所示。采用同样的方法建立动

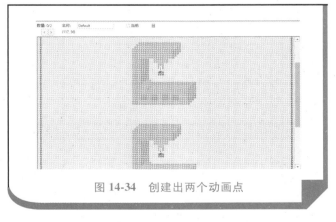

图 14-34　创建出两个动画点

画点 2 与"打磨 2"的连接。连接建立完成后，动画点由红色变成了蓝色，而且旁边有连接的对象的名称，如图 14-36 所示。

4）连接建完后，单击"动画"选项卡上"应用"组中的"应用更改"按钮，保存更改。

5）单击"编辑"选项卡上"设置"组中的"透明"按钮，单击"动画"选项卡上

"应用"组中的"应用更改"按钮 ✔应用更改。这时打开"工厂 2"模型，查看其运行效果。用户可参考图 14-37 所示效果。

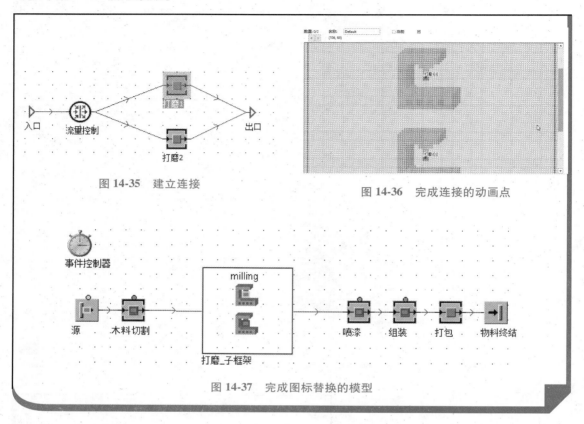

图 14-35　建立连接

图 14-36　完成连接的动画点

图 14-37　完成图标替换的模型

课后练习：

1. 练习图标及 3D 图形的导入操作。
2. 练习对象导出和导入的操作。
3. 重新执行本节仿真实例的操作步骤，以便加深理解。

第15章

属性及表的应用图标编辑

15.1 常用的信息流对象

15.1.1 方法（Method）

当软件自带的功能不能完全满足仿真需求时，需要定义方法，编写所需逻辑及功能。

在工具箱"信息流"选项卡中将"方法"按钮 M 拖入当前框架模型，即可完成添加。双击该按钮打开图 15-1 所示对话框，即可使用 simltalk 语言进行程序的编写。

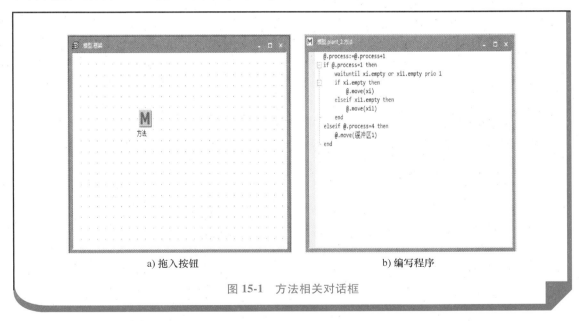

a) 拖入按钮   b) 编写程序

图 15-1 方法相关对话框

15.1.2 变量（Variable）

用户可以在模拟运行期间使用，"全局变量" 。其数据类型有实数型、布尔型等多种，如图 15-2 所示，用户可参考表 15-1 中的说明，并根据实际情况选用。

图 15-2　变量对话框

表 15-1　常用变量类型及说明

类　型	说　明
boolean	True 或 False
integer	整型变量
real/length/weight/speed/money	浮点型变量
string	字符型变量
date	日期变量（yyyy/MM/dd）
time	时间变量（hh：mm：ss.ss）

15.1.3　数据表（Data Table）

"数据表" 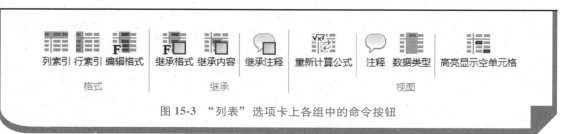 是一个包含两列或更多列的列表。可以通过使用索引（行号和列号）来访问单个单元格，写入、引用以及删除单元格中的数值。

将类库或工具箱中的"数据表"按钮拖入当前框架中，即可完成数据表的添加。双击该数据表对象可将其打开。

"列表"选项卡上各组中的命令按钮如图 15-3 所示。如果当前列表中"继承格式"按钮 和"继承内容"按钮 没被激活，则用户可以对列表中的各列数据进行格式定义。

图 15-3　"列表"选项卡上各组中的命令按钮

图 15-4　修改列样式

例如在第一列的表头处右击，在弹出的菜单中选择"格式"命令，用户可以在"列表格式"对话框中对第一列的数据进行设置，如图 15-4 所示。"设置"选项卡用于背景色和文字的编辑，"权限"选项卡用于定义该列是否为只读类型，"尺寸"选项卡用于定义表格的行列数量和列度，"数据类型"选项卡用于定义本列的数据类型。其他列的设置与上述操作方法一致。

应用数据表可以定义一种新的零件产生方法，按"交付表"生成零件。将源的创建时间设置为"交付表"，将框架中的数据表对象拖入源的表中，如图 15-5 所示，单击"应用"按钮 应用 ，再双击打开数据表对象，会发现数据表已经被定义为一个五列的数据表，如图 15-6 所示。填写交付表中的交付时间可从类库中拖入需要的 MU（无须手动输入，容易出错），填写数量，再关闭数据表。源即可以按照交付表的定义产生零件。

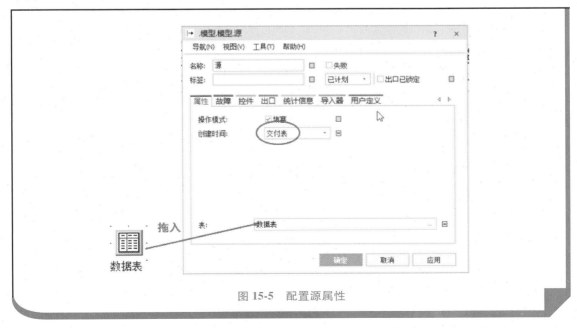

图 15-5　配置源属性

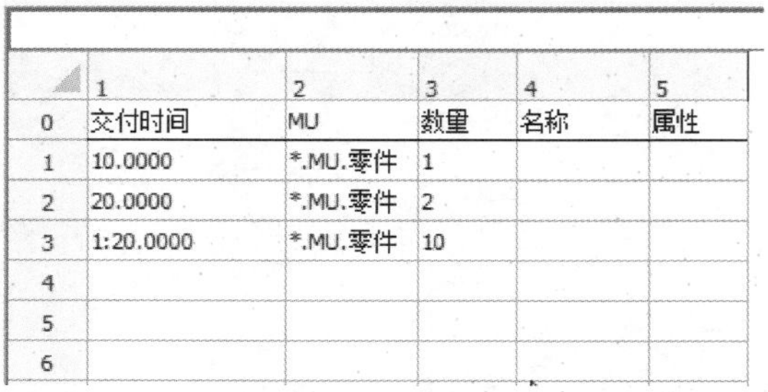

	1	2	3	4	5
0	交付时间	MU	数量	名称	属性
1	10.0000	*.MU.零件	1		
2	20.0000	*.MU.零件	2		
3	1:20.0000	*.MU.零件	10		
4					
5					
6					

图 15-6　配置交付表

15.2 仿真实例

15.2.1　仿真场景

为了提高桌子产品的质量，现在需要在“喷漆”工位增加一道“检验”的工序，合格的桌面可以继续流入下一工序；不合格的桌面将被传送至不合格品区域。经过一段时间的测量，发现不合格率约为10%。现在需要仿真这一生产过程。

15.2.2　建模步骤

导入名为“3. 更新框架图标 . spp”的模型文件，将其另存为“4. 表和属性的应用 . spp”。

1. 创建用户对象

在“类库”对话框中，右击“MU”文件夹中的零件，在弹出的菜单中选择“复制”命令，创建出一个零件，命名为“桌腿”。采用同样方法复制一个容器类，命名为“桌面”。这两个类都在“用户对象”文件夹下，如图 15-7 所示。对桌腿进行图标编辑，将其设置为“C：\ Tecnomatix \ 图标文件”中的“tableleg. dib”。同样将桌面的图标设置为 tabletop. dib。

2. 创建子框架

1）复制名为“工厂2”的框架，并将其命名为“工厂3”，后续的改动基于“工厂3”框架。

2）在“子工厂”文件夹下建立模型框架，命名为“喷漆_子框架”。将“工厂 3”中的“喷漆”工位剪切并复制到“喷漆_子框架”中，如图 15-8 所示。同时完成该框架中对象的连接，如图 15-9 所示。

3）将“流量控制”工序的“出口策略”设置为“MU 特性”。用户需要定义桌面的一个属性，作为流量控制的判断依据。属性的定义见表 15-2。

表 15-2　属性的定义

属性名称	类型	值	
质量	String	good（质量合格）	bad（质量不合格）

4）设置“流量控制”工序的“默认后继对象”为 1，根据图 15-10 中的序号显示，是“合格”工位。取消继承，并且单击“打开列表”按钮 打开列表 ，编辑列表。除了默认

的出口外，列表中只需要定义"质量"属性为"bad"时的出口是 2（不合格工位）。设置"属性类型"为 String，与零件的"质量"属性类型一致。

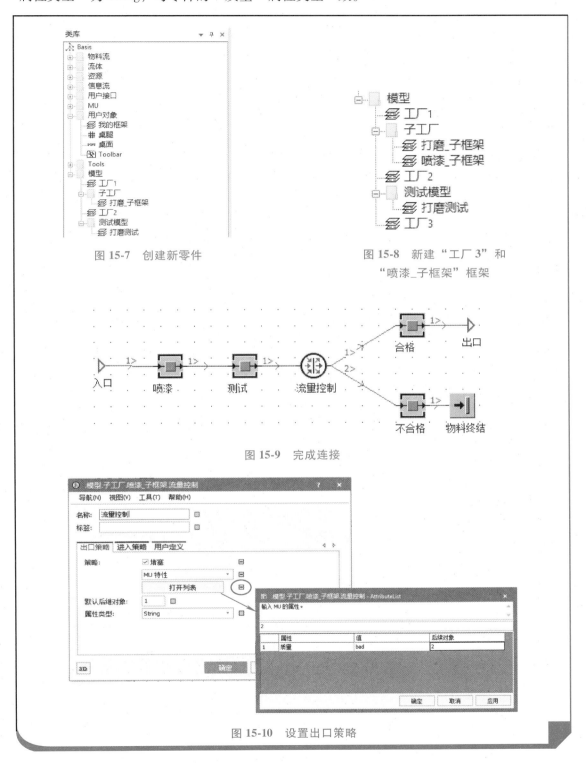

图 15-7 创建新零件

图 15-8 新建"工厂 3"和"喷漆_子框架"框架

图 15-9 完成连接

图 15-10 设置出口策略

3. 创建测试模型

1）在"测试模型"文件夹下建立一个名为"喷漆测试"的模型框架，如图 15-11 所示。在框架中添加"源"和"物料终结"，然后创建"喷漆_子框架"，建立三者的连接，如图 15-12 所示。

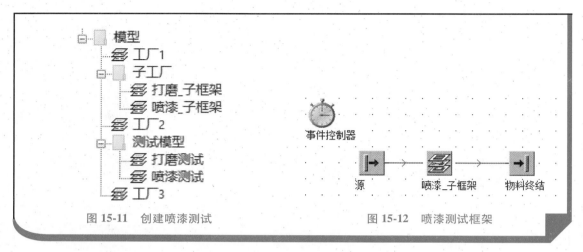

图 15-11　创建喷漆测试　　　　　　　图 15-12　喷漆测试框架

按照仿真场景中的描述，在"源"产生的零件中约有 10% 为质量不合格产品，即"质量"属性值为"bad"的零件。零件"质量"属性值要由源的逻辑来写入。

2）在"喷漆测试"框架中新建一个数据表，并将其拖入"源"对象中，如图 15-13 所示。

3）打开该数据表，该数据表已经成为一个四列的数据表，四列依次为

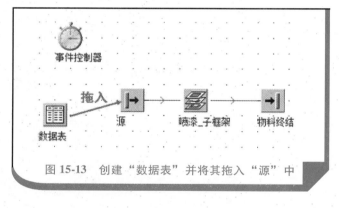

图 15-13　创建"数据表"并将其拖入"源"中

"object""integer""string""table"，如图 15-14 所示，各列含义及数据表的操作方法见表 15-3。图 15-15 和图 15-16 所示为数据表第一行与第二行的编辑内容。

数据表配置完成后，运行该测试模型，进行模型测试。

表 15-3　"源"关联的"数据表"

列	数据类型	含　义	操作方法
第 1 列	object	产生哪种零件	将零件拖入单元格
第 2 列	integer	产生多少零件	输入需要产生的零件数量
第 3 列	string	零件上的属性值	输入属性值内容
第 4 列	table	属性的名称和类型	右击单元格，选择 **打开对象(O)**（图 15-17），在弹出的表格中定义属性名称和数据类型

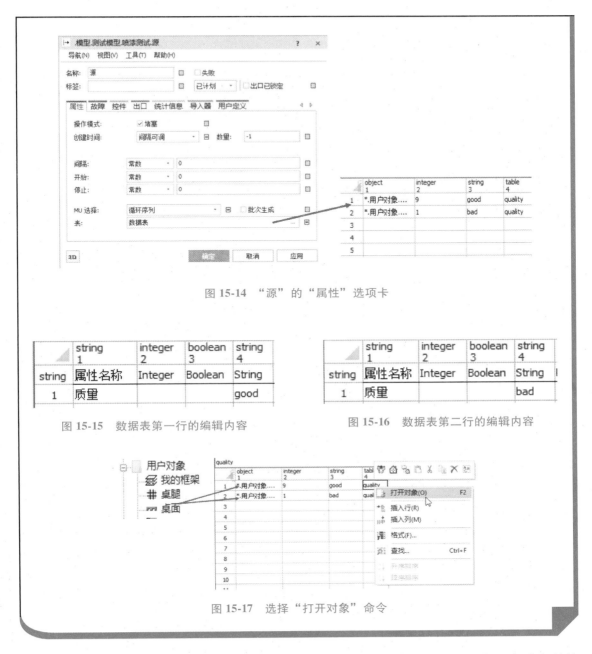

图 15-14 "源"的"属性"选项卡

图 15-15 数据表第一行的编辑内容

图 15-16 数据表第二行的编辑内容

图 15-17 选择"打开对象"命令

需要注意的是，如果需要查看物料流对象或 MU 的属性，可以右击该对象，在弹出的快捷菜单中选择"显示属性和方法"命令，如图 15-18 所示，弹出图 15-19 所示的对话框，方便用户查看相关属性。

4. 建立分层模型

1）打开"工厂 3"框架，将"喷漆_子框架"拖入其中，建立前后连接，如图 15-20 所示。将"喷漆测试"工序中的"数据表"复制到"工厂 3"框架中，并将"源"拖入"工厂 3"中。

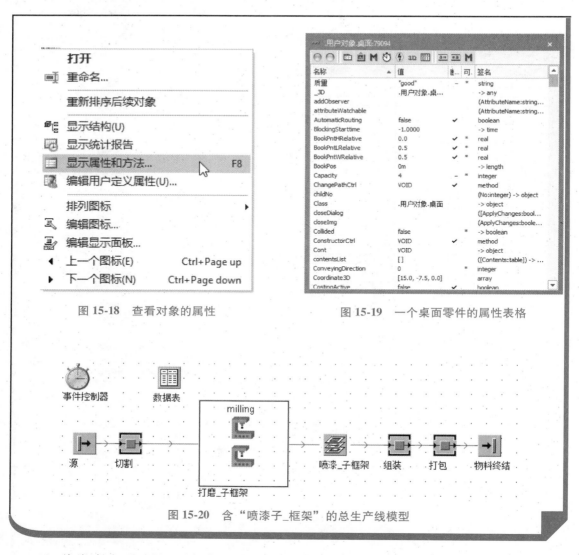

图 15-18　查看对象的属性

图 15-19　一个桌面零件的属性表格

图 15-20　含 "喷漆子_框架" 的总生产线模型

2）将类库中 "喷漆_子框架" 的图标设置为 "C：\ Tecnomatix \ 按钮文件" 中的 "packingonpic. png"，如图 15-21 所示，并且进行动画点设置。用户可以设置三个动画点，

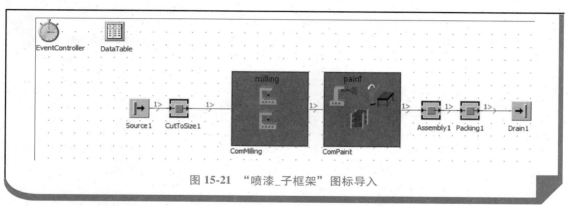

图 15-21　"喷漆_子框架" 图标导入

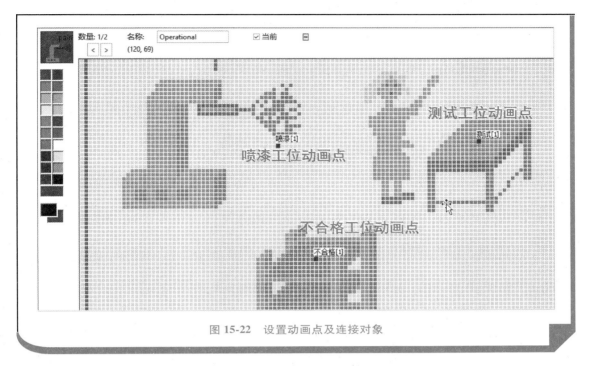

图 15-22 设置动画点及连接对象

连接"喷漆_子框架"中的对象：喷漆工位动画点，连接"喷漆"工位；检测工位动画点，连接"检测"工位；不合格工位动画点，连接"不合格"工位，如图 15-22 所示。

完成后的结果如图 15-23 所示。

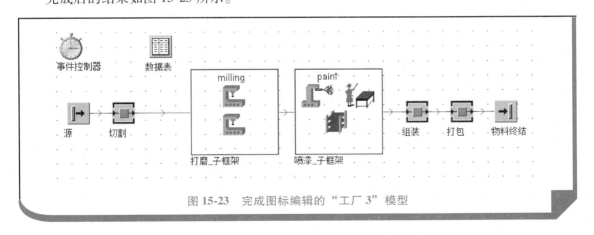

图 15-23 完成图标编辑的"工厂 3"模型

✎ 课后练习：

建立一个源，可以产生大、小两种 MU，两种类型的比例为 2：8。零件产生后会自带重量属性，其中大 MU 的重量属性为 20，小 MU 的重量属性为 15。

第16章

装 配 的 仿 真

16.1　常用的物料流对象

16.1.1　装配工位（Assembly Station）

　　"装配站"可以仿真实际生产中的装配工位，将多个零件组装成一个新的组件，也可以仿真装配托盘的过程，即将多个零件放置到托盘上，作为一个整体向下一道工序流动，到了新的工位，零件还可以从托盘中分解出来。

　　在当前框架中拖入一个装配站，双击打开图 16-1 所示对话框，对话框中"属性"选项卡上各选项含义见表 16-1。

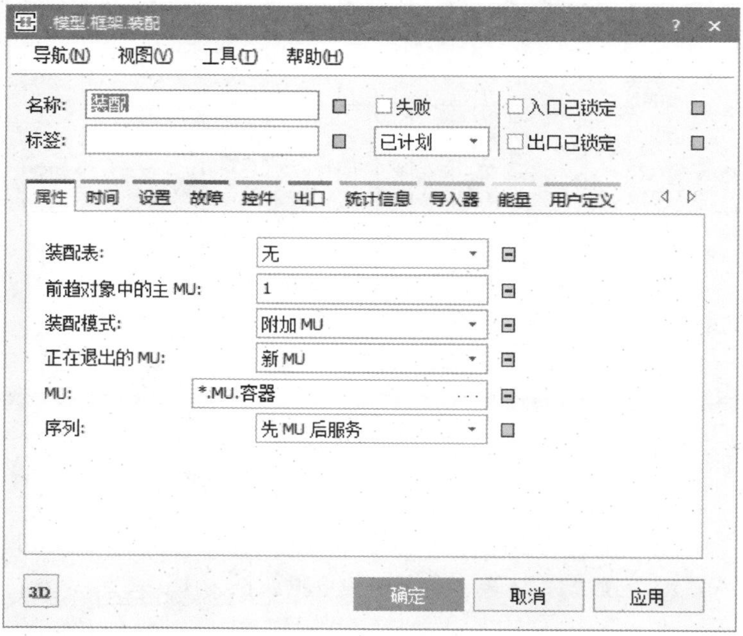

图 16-1　"模型.框架.装配"对话框

表 16-1　"属性"选项卡上各选项含义

选　项	含　义
装配表	定义了装配的主要逻辑，列表框中各选项含义如下 无：直接将一个 MU 装配到主 MU 中 前趋对象：根据前趋对象来定义装配 MU 类型：根据 MU 类型来定义装配 取决于主 MU：根据主 MU 来定义装配
前趋对象中的主 MU	定义主 MU 来自哪个前趋对象
装配模式	列表框中各选项含义如下 附加 MU：其他 MU 绑定到主 MU 上，不删除 删除 MU：只保留主 MU，删除其他 MU
正在退出的 MU	列表框中各选项含义如下 主 MU：装配完，退出主 MU 新 MU：装配完，退出新 MU
序列	列表框中各选项含义如下 先 MU 后服务：请求服务之前先请求 MU 先服务后 MU：请求 MU 之前先请求服务 MU 和服务：同时请求服务和 MU

　　建立一个简单的带有装配工艺的模型，包含两个源、一个装配工位、一条传送器和一个物料终结，并用连接器连接起来，源生成的物料为容器，源 1 生成的物料为实体，先将源与装配工位连接起来，再连接源 1，即源为前驱对象 1，源 1 为前驱对象 2，如图 16-2 所示。一个容器和四个零件到齐后，可以进行装配，如图 16-2 所示。按照图 16-3 所示选项完成装配工位的配置。

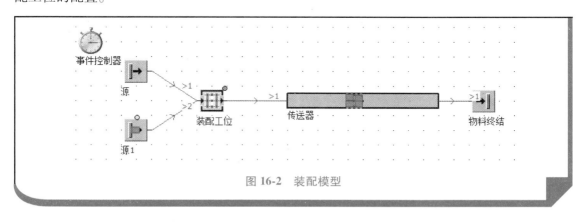

图 16-2　装配模型

16.1.2　拆卸工位（Dismantle Station）

　　仿真拆卸工艺是将零部件从主部件上拆除。

　　在当前框架中拖入一个"拆卸站"按钮，双击打开图 16-4 所示对话框，对话框中"属性"选项卡上各选项含义见表 16-2。

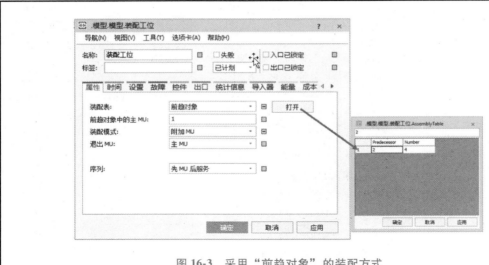

图 16-3 采用"前趋对象"的装配方式

图 16-4 ".模型.框架.拆卸站"对话框

表 16-2 "属性"选项卡上各选项含义

选　项	含　义
序列	拆除 MU 的序列分为 MU 到所有后续对象、MU 独立于其他 MU 退出、先其他 MU 后主 MU 三个选项
拆卸模式	拆卸模式分为拆离 MU 和创建 MU 两个选项
要移到后续对象的主 MU	写入后续对象主 MU 的序号
正在退出的 MU	有主 MU 和新 MU 两个选项

　　新建一个简单的拆卸仿真模型,包含两个源、两条传送器、两个物料终结、一个装配工位和一个拆卸工位,并建立连接,如图 16-5 所示。

在"属性"选项卡上设置"序列"为"MU 到所有后续对象",如图 16-6 所示。

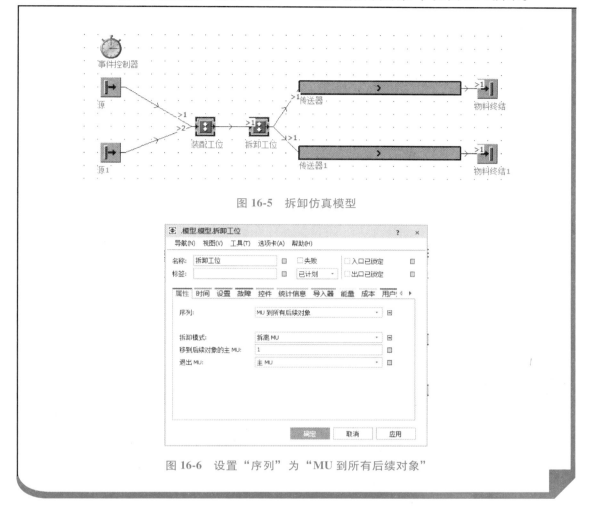

图 16-5 拆卸仿真模型

图 16-6 设置"序列"为"MU 到所有后续对象"

仿真效果如图 16-7 所示。

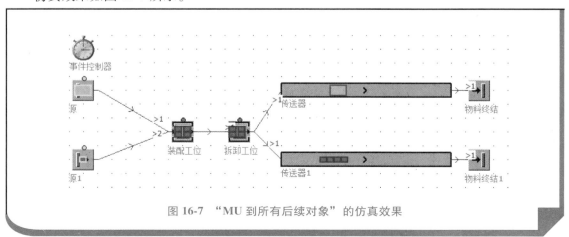

图 16-7 "MU 到所有后续对象"的仿真效果

按照图 16-8 所示内容，将"拆卸模式"改为"创建 MU"，启动仿真，得到图 16-9 所示效果。

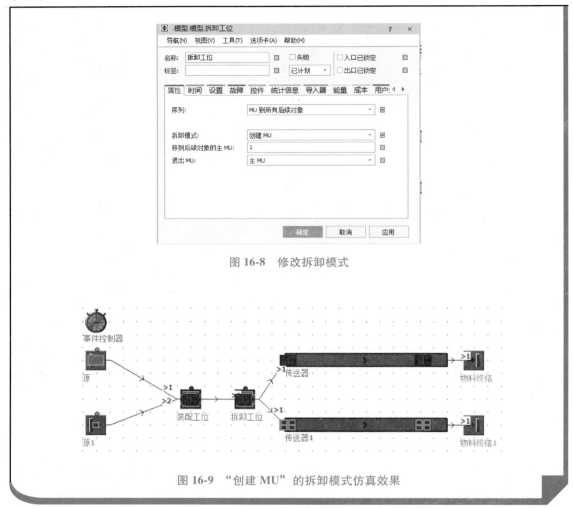

图 16-8　修改拆卸模式

图 16-9　"创建 MU"的拆卸模式仿真效果

在"属性"选项卡上，将"序列"设为"MU 独立于其他 MU 退出"（图 16-10），单击"拆卸表"按钮，在弹出的对话框中定义从 MU 上拆出哪些其他 MU，根据装配设置，将零件拖入"MU"列，将"Number"设置为 4，表示拆卸出四个零件，将"Succsessor"设置为 2，表示送往后续对象 2。仿真效果如图 16-11 所示。

16.1.3　缓冲区（Buffer）

两个工位之间的缓冲区的主要功能是暂时存放零件，防止生产过程停止。

在当前框架中拖入一个"缓冲区"按钮，双击该按钮，打开".模型.框架缓冲区"对话框，如图 16-12 所示，"容量"选项为该缓冲区所能存储物料的数量，"缓冲类型"有队列和栈两种：队列是指物料会按从上到下的顺序进行缓冲，栈是指物料会按从下到上的顺序进行缓冲。

缓冲区的 2D 模型和 3D 模型如图 16-13 和图 16-14 所示。

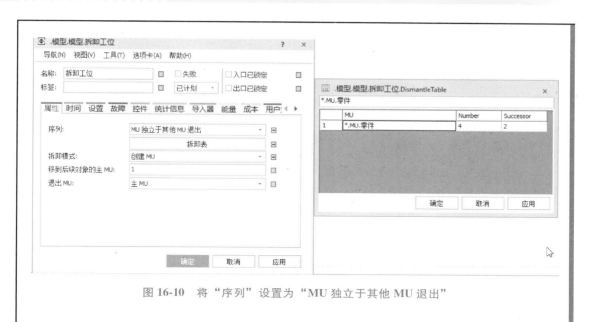

图 16-10 将"序列"设置为"MU 独立于其他 MU 退出"

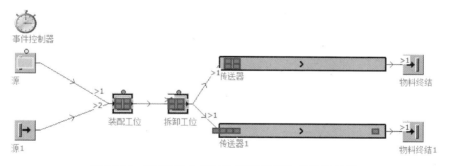

图 16-11 "MU 独立于其他 MU 退出"的仿真效果

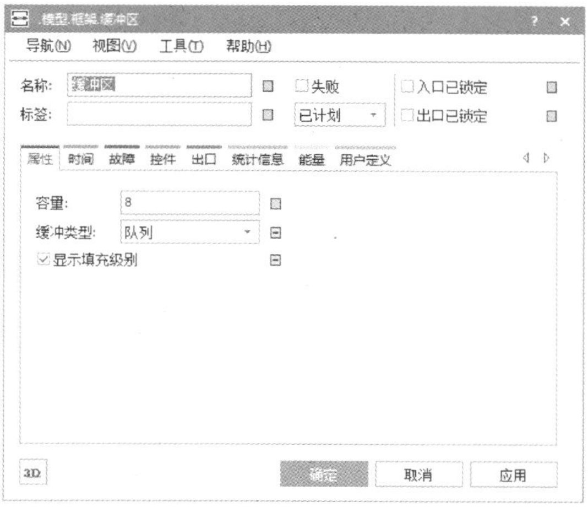

图 16-12 ".模型.框架.缓冲区"对话框

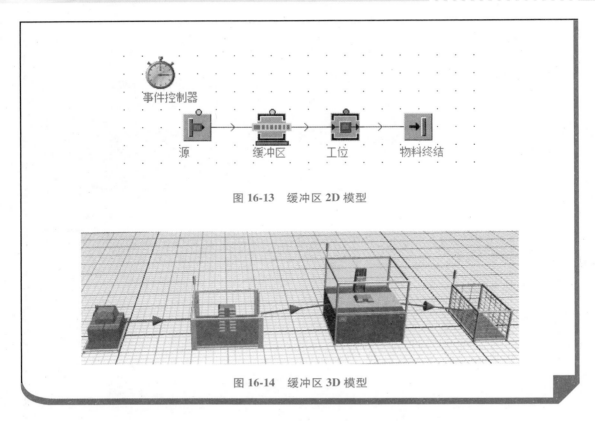

图 16-13 缓冲区 2D 模型

图 16-14 缓冲区 3D 模型

16.1.4 存储（Store）

存储类似于仓库，MU 进入存储后，一直保留在存储区域中，直到用户移除它。只要存储区域内有空余位置，存储就会接收 MU。

零件在进入存储区域时触发传感器。传感器调用入口控件，确定放置该零件的存储位置。如果未定义入口控制，则存储将零件放置于坐标网络中的第一个未被占用位置。

在当前框架中拖入一个"存储"按钮，双击该按钮，打开". 模型 . 框架 . 存储"对话框，如图 16-15 所示。在对话框中，用户可通过设置"X 尺寸""Y 尺寸""Z 尺寸"文本框中的数位，确认存储容量（三个值的积）。

存储的 2D 模型和 3D 模型如图 16-16 所示。

在". 模型 . 框架 . 存储"对话框的"MU 动画"选项卡中有一个"动画区域"复选框，如图 16-17 所示，用户

图 16-15 ". 模型 . 框架 . 存储"对话框

可根据需要进行设置。在"外观"选项卡中，用户可以对存储工位的外观进行定义，如图16-18所示，"类型"列表框中有占地面积和物料架两个选项，占地面积用于将MU平铺在地面上堆叠起来使用，物料架则会将MU存放在物料架的每个单元格内使用。其宽度为物料架的长度，深度为物料架的宽度，高度为物料架的高度。需要注意的是，修改这些参数的数值并不会使物料架的单元格增加，若想修改物料架单元格的数量，则双击"物料架"打开属性栏，修改其X尺寸、Y尺寸即可。

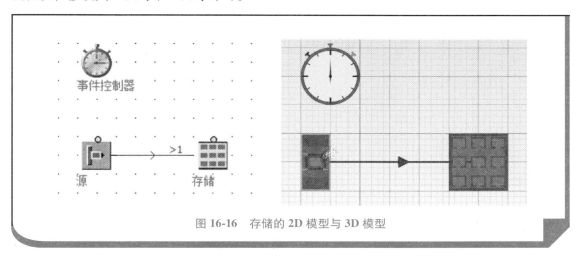

图 16-16　存储的 2D 模型与 3D 模型

图 16-17　"MU 动画"选项卡

　　建立一个简单模型，包含一个源和一个存储工位，并建立连接，在"外观"选项卡中设置"类型"为"占地面积"，启动仿真，得到图16-19所示的XY平面布局。

　　在"外观"选项卡中设置"类型"为"物料架"，物料架的数值无须更改，将"区域设置"选项区域的"方位"切换为"XZ平面"，编辑其长度、宽度和中心点位置的数值，得到图16-20所示平面布局。YZ平面与XZ平面类似。

图 16-18　"外观"选项卡

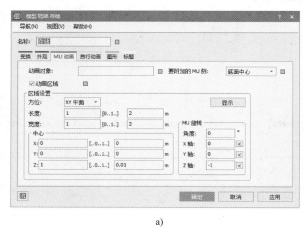

a)

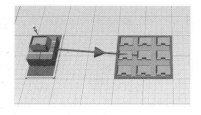

b)

图 16-19　仓储 XY 平面布局

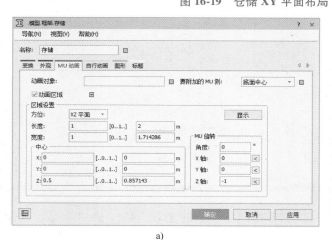

a)

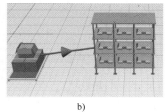

b)

图 16-20　仓储 XZ 平面布局

16.2　仿真实例

16.2.1　仿真场景

对桌子产品生产线添加一道装配仿真的工序，并仿真当前这一生产过程。

16.2.2　建模步骤

打开教学资源包导入名为"4.表和属性的应用.spp"的模型文件，将其另存为"5.装配.spp"。

1. 创建装配子框架

1）在"子工厂"文件下创建新的模型框架"装配_子框架"，如图16-21所示。在该框架模型中添加图16-22所示的对象及两个入口，一个出口。两个入口分别命名为"桌面入口"和"桌腿入口"，建立各对象之间的连接。

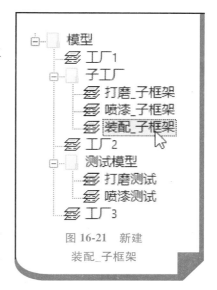

图 16-21　新建
装配_子框架

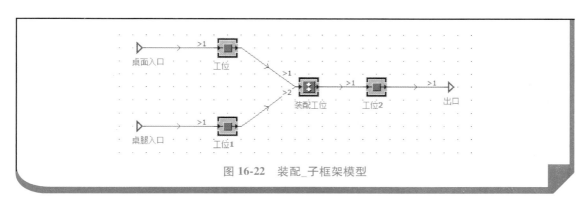

图 16-22　装配_子框架模型

2）在"装配工位"对话框的"属性"选项卡中定义装配逻辑，设置"装配表"为"前趋对象"，主 MU 是前趋对象 1 发来的桌面，单击"装配表"后的"打开"按钮 打开 ，在弹出的对话框中填写前趋对象 2，需要四个 MU。设置"装配模式"为"附加 MU"，"退出 MU"为"主 MU"，如图16-23所示。

3）对桌面和桌腿的图标进行编辑，上一章已经为两个 MU 导入了新的位图，这次主要是配置桌面的动画点，如图16-24所示。为了能显示出装配效果，需要取消选中桌面和桌腿两个 MU 的"活动的矢量图"复选框，如图16-25所示。

2. 创建测试模型

在"测试模型"文件夹下创建一个新的模型框架，命名为"装配测试"，如图16-26所示。在测试模型中添加桌面源和桌腿源，分别产生两种 MU，添加一个物料终结，添加装配_子框架，并建立这几个对象之间的连接，如图16-27所示。建立源与子框架连接时，注意

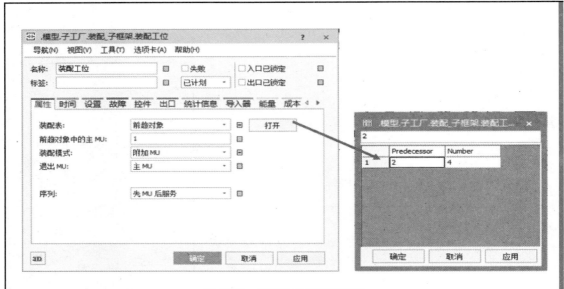

图 16-23　装配工位装配表配置

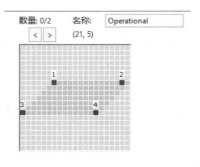

图 16-24　桌面中设置四个动画点

图 16-25　取消选中桌面和桌腿的"活动的矢量图"复选框

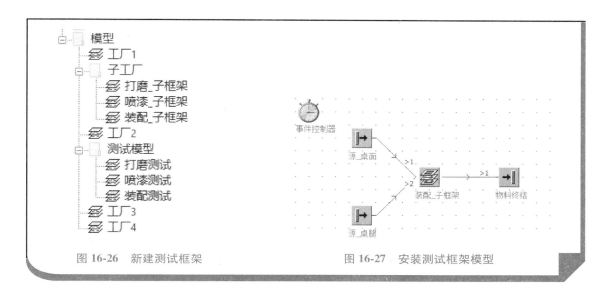

图 16-26 新建测试框架   图 16-27 安装测试框架模型

选择正确的接口。"源_桌面"需要连接"桌面入口","源_桌腿"需要连接"桌腿入口",如图16-28 所示。测试完成后,"装配_子框架"建模完成。

3. 实现分层建模

1)复制"工厂3"框架,命名为"工厂4"。在"工厂4"框架中进行分层建模。将"工厂4"中的"组装"工位删除,添加"装配_子框架",建立"喷漆_子框架"与"装配_子框架"的连接,注意接口要选择"桌面入口",结果如图 16-29所示。

2)创建一个"源_桌腿",将源的"MU"设置为"桌腿",如图16-30所示。

图 16-28 选择正确的接口

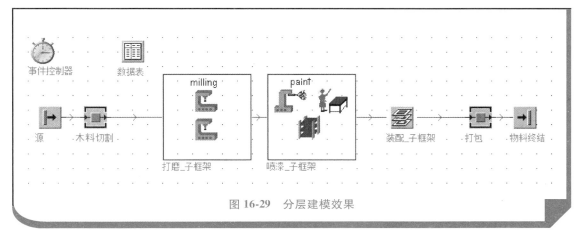

图 16-29 分层建模效果

3）建立一段传送器，将桌腿送到装配工位。

本模型仅仅是仿真桌腿由外部供应，对供应能力不做考虑，认为完全可以满足装配需求，因此此处对相关的对象参数不做设置，使用默认值。

4）如图 16-31 所示，建立各对象间的连接。需要注意的是，传送器要与装配工位的"桌腿入口"建立连接。为了提高显示效果，进入"装配_子框架"修改"桌腿入口"的属性，参数设置如图 16-32 所示。

5）对新创建的"装配_子框架"图标进行更改，以达到更好的显示效果。导入的图标为"C：\ Tecnomatix \ 按钮文件"中的"assemblypic. jpg"。

图 16-30　MU 设置

6）设置三个动画点，分别为桌面动画点、桌腿动画点和装配工位动画点，如图 16-33 所示。

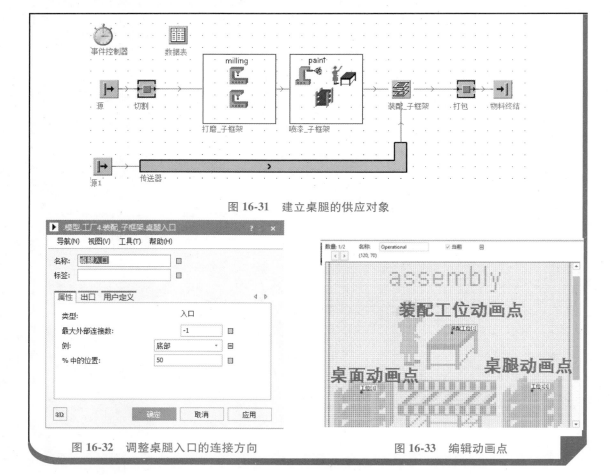

图 16-31　建立桌腿的供应对象

图 16-32　调整桌腿入口的连接方向　　　　图 16-33　编辑动画点

模型最终效果如图 16-34 所示。

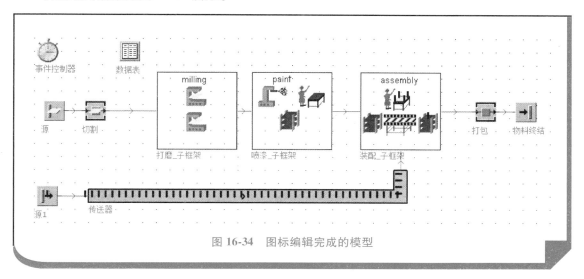

图 16-34　图标编辑完成的模型

✎ 课后练习：

1. 按图 16-35 所示内容添加对象，使其源产生容器、源 1 产生实体，在装配工位将四个实体装到容器上，之后在拆卸工位将实体拆卸下来，让容器流向"线 2"，实体流向"线 3"。

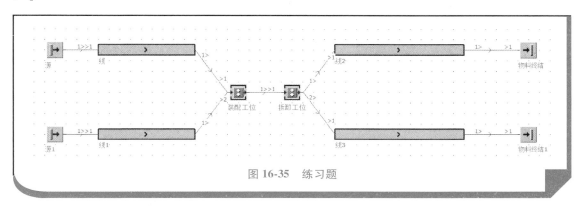

图 16-35　练习题

2. 建立一个立体货架存放零件，货架横向可以放十个零件，纵向可以放十五个零件。

第17章

故障及班次的仿真

17.1 班次日历 (Shift Calender)

"班次日历" 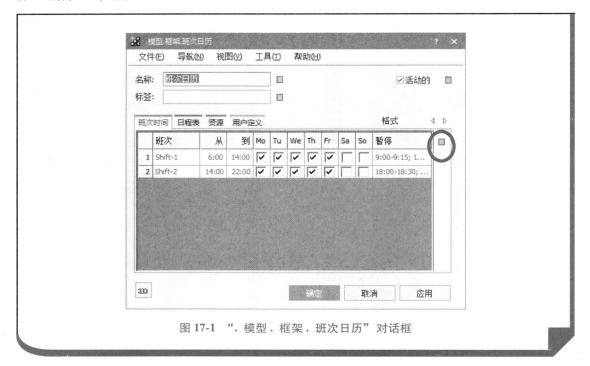 用于定义模型中的不同班次和日历，如工作日、休息日、工作时间，休息时间等，仿真实际的班次和日历。

在工具箱"资源"选项卡下将"班次日历"按钮拖入模型，双击该按钮打开图 17-1 所示对话框，用户可根据需要对相关参数进行设置。

在"班次时间"选项卡中，取消继承，即可编辑班次。设置起始时间，选中适用日期所对应的复选框。如果需要增加新的班次，可右击，在弹出的快捷菜单中选择"增加"命令。如果需要删除某一班次，可在该班次行上右击，在弹出的快捷菜单中选择"删除"命令。

图 17-1 ".模型.框架.班次日历"对话框

198

在"日程表"选项中取消继承后，即可编辑日历。设置开始日期和结束日期，仿真模型将从开始日期开始运行，到结束日期结束。如果遇到节假日，关联的对象不进行作业，如图 17-2 所示。

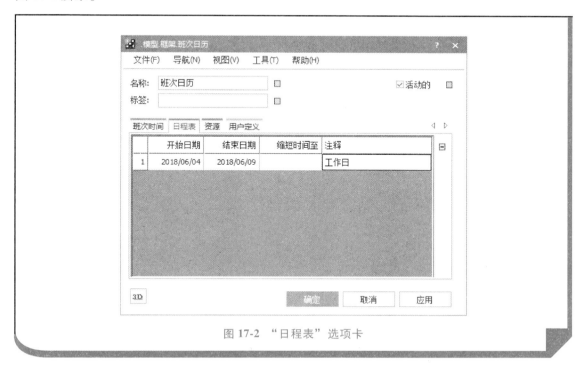

图 17-2 "日程表"选项卡

班次日历与对象的关联方法：在对话框的"控件"选项卡上的"班次日程表"中右击，在弹出的快捷菜单中选择"选择对象"命令，弹出"选择对象"对话框，如图 17-3 所示，用户可选择需要关联的班次日历。

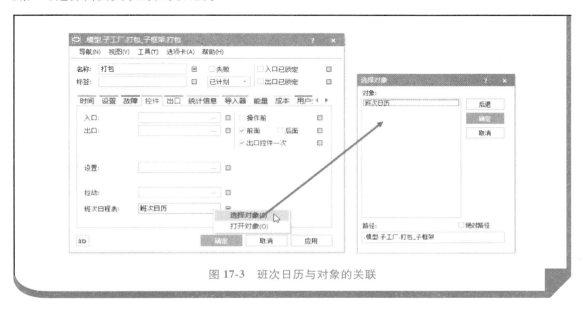

图 17-3 班次日历与对象的关联

17.2 仿真实例

17.2.1 仿真场景

在桌子产品生产线最后的"打包"工位有时会发生故障，并且该工位按照一定的班次安排工作。故障参数见表17-1，班次安排见表17-2。在仿真模型中完成相关设置。

表17-1 "打包"工位故障参数

正常工作的时间占比	平均修复时间
95%	10min

表17-2 "打包"工位班次安排

班次	日期	工作时间	休息时间（暂停）
1	工作日（周一～周五）	6：00—17：00	10：00—10：15；12：00—12：30；15：00—15：15
2	休息日（周六、周日）	8：00—12：15	10：00—10：15

17.2.2 建模步骤

打开教学资源包导入名为"5.装配.spp"的模型文件，将其另存为"6.故障班次.spp"。

1. 创建子子框架及设置故障

1）在"子工厂"文件夹下，创建新的框架模型，名为"打包_子框架"，如图17-4所示。在框架中添加四个元素：两个接口，一个缓冲区和一个打包工位，并建立连接，如图17-5所示。

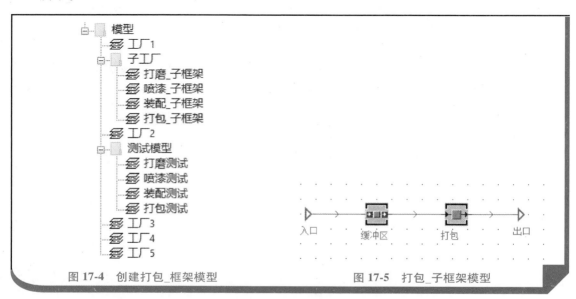

图17-4 创建打包_框架模型   图17-5 打包_子框架模型

2）设置"打包"工位的故障。在对话框的"故障"选项卡中，单击"新建"按钮 **新建...**，开始创建故障。根据仿真场景中的描述，设备的"可用性"为"95%"，每次故障的维修时间为10min，即"MTTR"设置为10：00，如图17-6所示。完成这两个参数的设置后单击"确定"按钮，用户可在"故障"选项卡上查看设置好的故障。

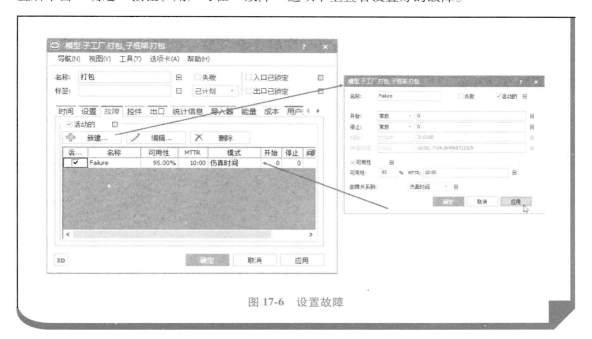

图17-6　设置故障

2. 创建测试模型

在"测试模型"文件夹下创建名为"打包测试"框架模型，创建一个源，在"属性"对话框中设置其"MU"为"桌面"，创建一个物料终结，在框架中创建"打包_子框架"对象，建立三者之间的连接，如图17-7所示，并进行模型的测试。运行测试模型，如图17-8所示，在"打包"工位的

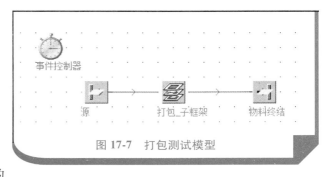

图17-7　打包测试模型

统计信息中，已经出现了"失败"的统计数据，说明故障已经设置成功。

3. 在子框架中添加班次日历

1）在子框架"打包_子框架"中添加班次日历，命名为"打包工位班次日历"，如图17-9所示。

2）根据仿真场景中的描述，在对话框的"班次时间"选项卡中进行班次的设置。如图17-10所示，需要设置工作日和休息日两种班次。需要注意的是，这里的时间单位是min，10：00表示十点。

3）在对话框的"日程表"选项卡中进行日程表的设置，如图17-11所示。

4）在对话框的"资源"选项卡中进行对象设置，如图17-12所示。

图 17-8　查看故障参数设置

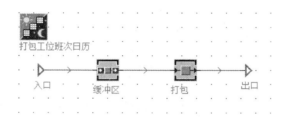

图 17-9　添加班次日历

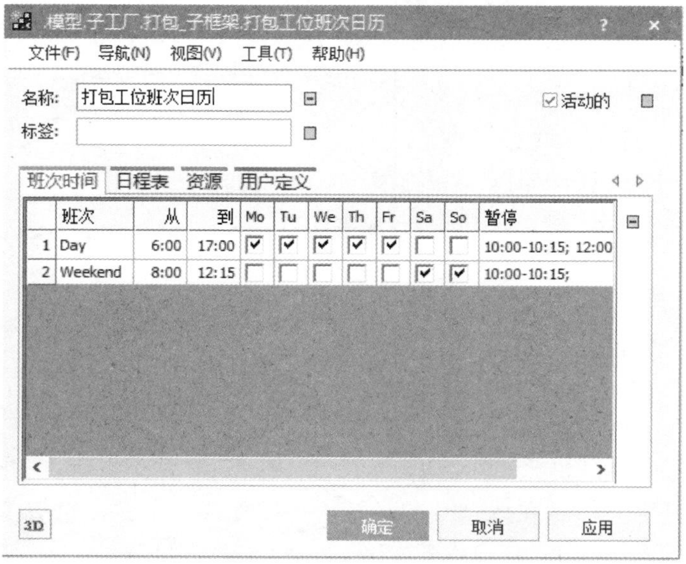

图 17-10　设置班次时间

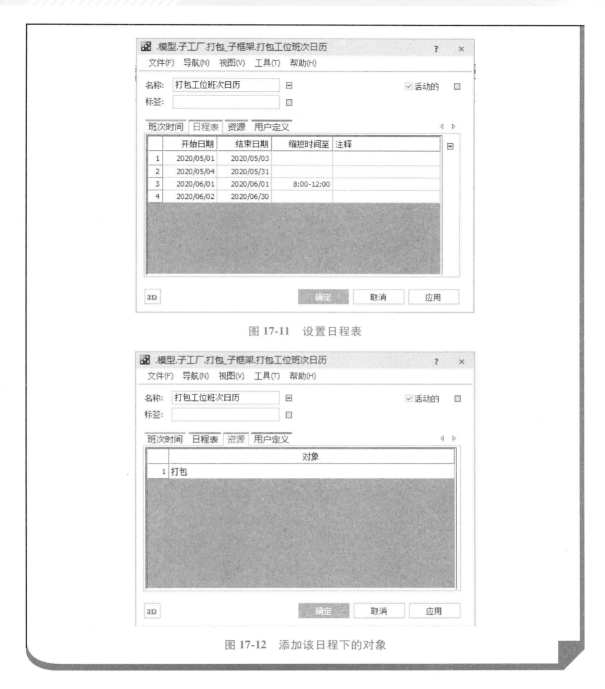

图 17-11　设置日程表

图 17-12　添加该日程下的对象

5）在测试模型中进行班次日历的测试，如图 17-13 所示。在图 17-14 所示的打包工位状态及统计信息中，可以看出班次日历已设置成功。

4. 在总模型中实现分层建模

复制"工厂 4"，命名为"工厂 5"，将"打包"工位删除，添加"打包_子框架"，并建立前后连接。替换"打包_子框架"的显示图形为"C：＼ Tecnomatix ＼ 按钮文件"中的"packingonpic. jpg"。设置两个动画点，如图 17-15 所示。

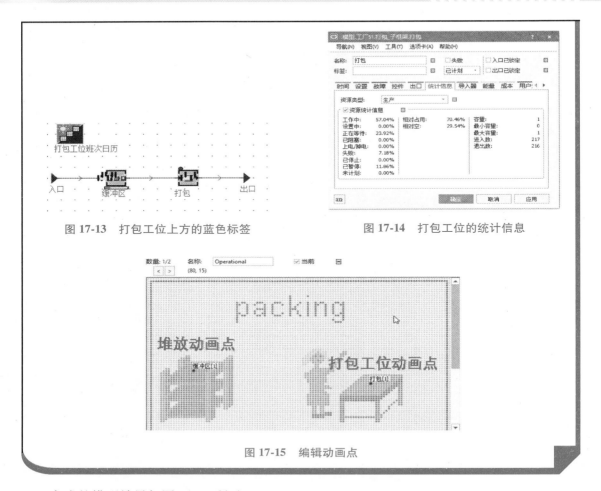

图 17-13　打包工位上方的蓝色标签

图 17-14　打包工位的统计信息

图 17-15　编辑动画点

完成的模型效果如图 17-16 所示。

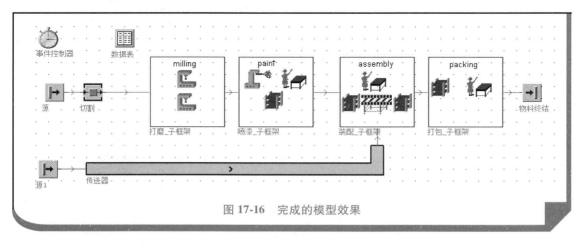

图 17-16　完成的模型效果

课后练习：

1. 在本书第 12 章"1. 简单模型 .SPP"模型的基础上，设置一个故障率，放在"喷漆"工位，故障参数见表17-3。

表 17-3　"喷漆"工位故障参数

正常工作的时间占比	平均修复时间
90%	30min

2. 在本书第 12 章 "1. 简单模型.SPP" 模型的基础上，创建班次日历，与所有工艺做关联。班次安排见表17-4。

表 17-4　"喷漆"工位班次安排

班次	日期	工作时间	休息时间（暂停）
1	工作日（周一~周五）	6：00—17：00	10：00—10：15；12：00-12：30；15：00—15：15
2	休息日（周六、周日）	8：00—12：15	10：00—10：15

第18章

Plant Simulation 软件的分析工具

18. 1 **瓶颈分析器**（Bottleneck Analyzer）

应用"瓶颈分析器" 可以在仿真过程中实时看到各类对象的利用率，协助用户快速找到生产线中存在的瓶颈。

将工具箱中"工具"选项卡下"瓶颈分析器"按钮 拖入模型，即可完成添加。瓶颈分析器无须做过多配置，双击其按钮，弹出图 18-1 所示对话框。

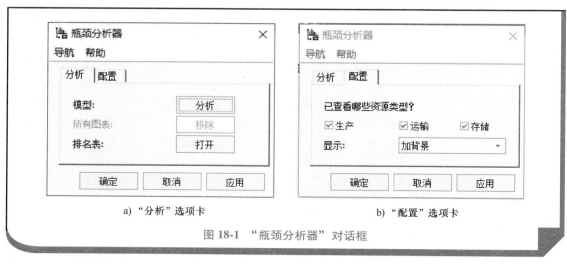

a)"分析"选项卡   b)"配置"选项卡

图 18-1 "瓶颈分析器"对话框

模型运行结束后，在"瓶颈分析器"对话框的"分析"选项卡上，单击"分析"按钮，各个工位上就会显示柱状的统计信息。如果想移除这些统计信息，单击"移除"按钮即可。单击"打开"按钮，可以按不同的指标显示排名，如图 18-2 所示，单击以确定一种排序准则，会弹出一

图 18-2 排序准则选择

个表格，表格里的排列顺序是按照设置的优先级排列的。

在"配置"选项的"显示"列表框中，有仅柱状图、加刻度和加背景三个选项，切换这几个选项可以有不同效果，不过此效果仅在2D模式中显示，3D模式中没有明显的变化。各个选项的不同效果见表18-1。如图18-3和图18-4所示，图中的簇状物即为工位的瓶颈可视化分析。各种颜色所代表的含义见表18-2。

表18-1　"显示"列表框中各选项效果

选　　项	效　　果
仅柱状图	
加刻度	
加背景	

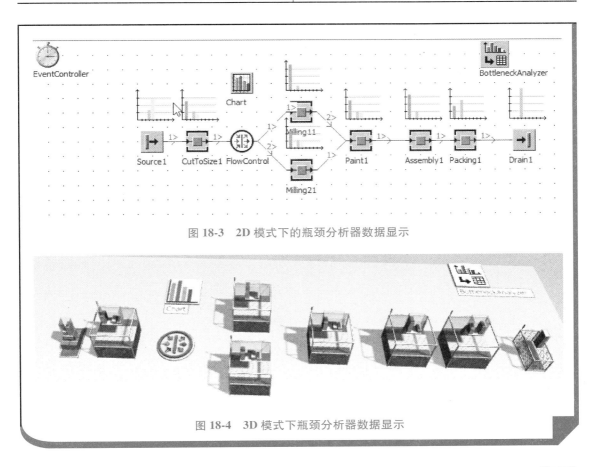

图18-3　2D模式下的瓶颈分析器数据显示

图18-4　3D模式下瓶颈分析器数据显示

表 18-2　各种颜色代表的含义

颜　色	含　义
绿色	正在工作
棕色	设置中
灰色	等待中
黄色	已阻塞
紫色	通电断电
红色	失败
粉红色	已停止
深蓝色	已暂停
浅蓝色	未计划

　　模型运行结束后，查看各个工位的统计信息，如果某个工位的瓶颈可视化图上黄色的簇状物占的比重较大，说明它的下一个工位为瓶颈工位。

18.2　能耗分析仪（Energy Analyzer）

　　"能耗分析仪" ⚡ 主要用于分析工位的能量损耗情况，可以根据生产线的实际功耗分析出在工作一定时间后所消耗的能量值，起到一定的预估作用。

　　使用能耗分析仪，首先要把关注的工位上的"能量"选项卡激活，即选中"活动的"复选框，如图 18-5 所示，根据实际情况，输入"工作中""设置中"等状态下的单位时间能耗值。

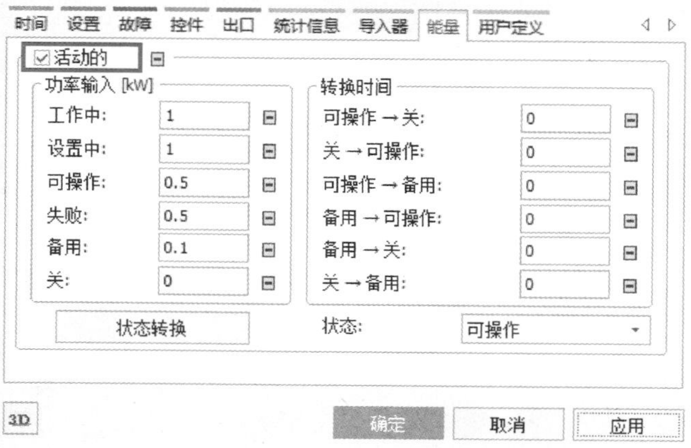

图 18-5　激活"能量"选项卡

　　如果在图 18-6 所示的对话框的"对象"选项卡中单击"全部添加"按钮 全部添加 ，则已经打开能量开关的工位会显示在下方的空白处。没有打开能量开关的工位，是不能添加入能耗分析仪的。用户在图 18-7 所示对话框的"评估"选项卡中，可以对显示结果进行设置。

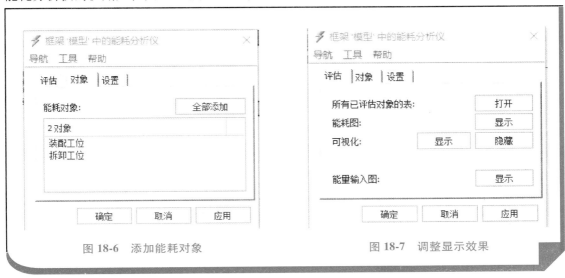

图 18-6　添加能耗对象　　　　　　　　图 18-7　调整显示效果

能耗分析仪可以提供以下类型的显示：

1）所有已评估对象的表，如图 18-8 所示。

2）能量消耗图，如图 18-9 所示。

string 0		real 1	real 2	real 3	real 4	real 5	real 6	real 7	
string	能耗对象	能量 [kWh]	运行能量 [kWh]	当前能量输入 [kW]	工作中	设置中	运行	失败	
1	装配工位	1.54	0.11	1.00	1.43	0.00	0.11	0.00	
2	拆卸工位	1.54	0.11	1.00	1.43	0.00	0.11	0.00	
3									

图 18-8　已评估对象的表

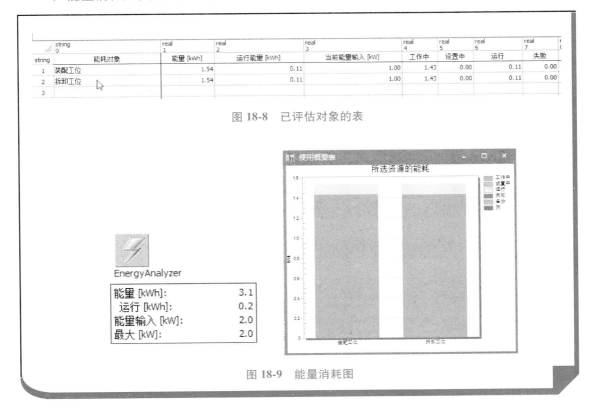

图 18-9　能量消耗图

3）可视化。单击"可视化"的"显示"按钮，在 3D 建模模式的工位上方就会显示柱状的图形，在 2D 建模模式中则会显示一个圈，可以单击将其隐藏，如图 18-10 所示。

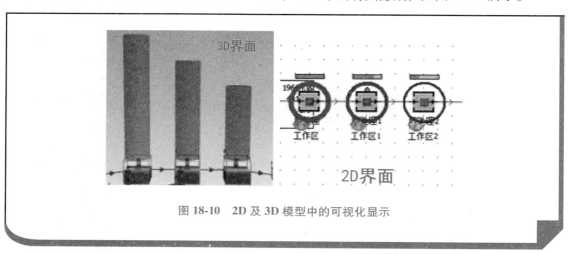

图 18-10　2D 及 3D 模型中的可视化显示

4）能量输入图。单击"能量输入图"的"显示"按钮，弹出图 18-11 所示对话框，默认使用"绘图仪+线"的模式展示。随着运行时间的变化，图表也会跟着变化。

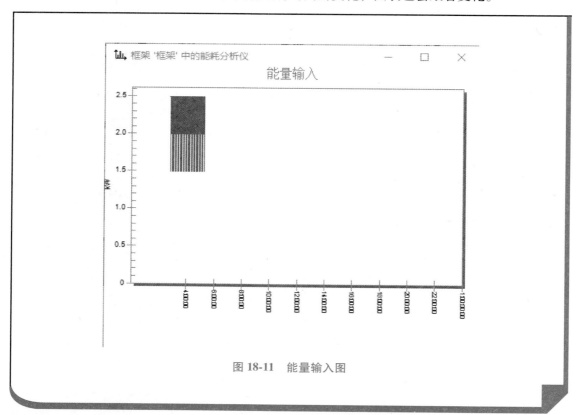

图 18-11　能量输入图

双击图表可以更改它的显示样式，如图 18-12 所示。

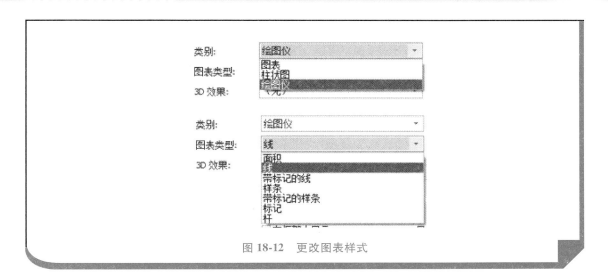

图18-12 更改图表样式

课后练习：

1. 在本书第12章的"1. 简单模型 .spp"模型中创建瓶颈分析器，分析生产线的瓶颈。
2. 熟悉能耗分析仪的功能及可视化效果。